图解产品设计模型制作

（第二版）

兰玉琪　高雨辰　编著

Illustrated Model Building of Product Design

中国建筑工业出版社

图书在版编目（CIP）数据

图解产品设计模型制作/兰玉琪，高雨辰编著.—2版.
北京：中国建筑工业出版社，2011.12
ISBN 978-7-112-13524-0

Ⅰ.①图… Ⅱ.①兰…②高… Ⅲ.①产品模型－设计－图解②产品模型－制作－图解 Ⅳ.①TB476-64

中国版本图书馆CIP数据核字（2011）第177313号

责任编辑：唐　旭　焦　斐
责任设计：陈　旭
责任校对：姜小莲　关　健

图解产品设计模型制作
（第二版）
Illustrated Model Building of Product Design
兰玉琪　高雨辰　编著
*
中国建筑工业出版社出版、发行（北京西郊百万庄）
各地新华书店、建筑书店经销
华鲁印联（北京）科贸有限公司制版
廊坊市海涛印刷有限公司印刷
*
开本：889×1194毫米　1/20　印张：8 1/5　字数：300千字
2011年11月第二版　2018年10月第十一次印刷
定价：38.00元
ISBN 978-7-112-13524-0
（21316）

版权所有　翻印必究
如有印装质量问题，可寄本社退换
（邮政编码　100037）

前言 Preface

当今，工业设计发展迅猛，工业产品设计师通过对科学与艺术的完美结合以及多学科知识体系的综合运用，创造性地构思了既具备科技因素，又富含艺术气息和文化内涵的新的产品设计理念，符合人们需要的、合理的产品设计理念最终要以产品的形式表现出来。

通常情况下，现代工业产品的生产在正式投产之前要经过产品模拟表现环节，通过模拟表现用以综合验证产品设计的合理性。长期的设计实践证明，进行产品立体模型制作是一种模拟表现产品的有效方法，设计师通过产品模型制作的过程不但能将设计内容具象化，以此表达设计概念、展现设计内容，更主要的是通过产品模型的制作过程可以提前预测、反馈和获取重要的设计指标，为后续生产实施过程提供了可进行综合分析、研究与评价的实物参考依据。产品模型制作是实现从研发到正式生产之前的关键环节与重要保障，如何在设计阶段通过产品模型综合展现未来产品的设计内容是设计师设计能力的重要体现。

作为一名优秀的工业设计师不但要具备知识的综合运用能力，还须具备创造性的表现能力。作为一种非常便捷且十分合理的设计表现方法，产品设计师应该熟练掌握产品模型制作的方法与过程，以期帮助自己分析、解决诸如产品的形态效果、人机尺度分析、产品功能实验、结构分析、材料运用、加工工艺等诸多设计要素之间的关系问题。模型制作与表现过程实际是设计的再深入过程，只有在设计表现过程中才能不断修改与完善产品的设计内容，尽量避免设计中非合理性因素的出现。

另外，设计师不要简单地将模型制作过程理解为只是将二维平面的设计表现内容转化成三维实体的过程，倘若如此，模型制作过程便失去了真正的含义。产品模型应该由设计师本人完成，这是一项设计师本人必须承担而非他人所能替代的设计工作。只有充分认识到产品模型制作的重要意义才能在设计实践中借助产品模型完善设计过程。

能否通过产品模型表现设计内容，体现了设计师的综合设计素质。

编者

2011年7月

Contents 目录

第1章　工业产品模型制作概述 /001

1.1　产品模型制作的重要意义 / 002

　　1.1.1　产品模型制作是设计实践过程 / 002

　　1.1.2　产品模型制作是综合表达设计内容的有效方法 / 002

　　1.1.3　产品模型是展示、评价、验证设计的依据 / 003

1.2　产品模型的种类与用途 / 003

　　1.2.1　形态研究模型 / 004

　　1.2.2　功能实验模型 / 005

　　1.2.3　交流展示模型 / 006

　　1.2.4　手板样机模型 / 007

1.3　产品模型材料选用 / 007

　　1.3.1　考虑模型材料的适用性 / 008

　　1.3.2　考虑模型材料的易加工性 / 009

　　1.3.3　按材料区分模型 / 009

第2章　黏土模型制作 /011

2.1　黏土的成型特性 / 012

2.2　制作黏土模型的主要设备、工具及辅助材料 / 012

2.3　黏土材料的制备 / 015

2.4　黏土模型成型方法 / 017

　　2.4.1　黏土形态草模型成型方法 / 017

　　2.4.2　黏土标准原型成型方法 / 018

第3章　油泥模型制作 /023

3.1　油泥的成型特性 / 024

3.2　制作油泥模型的主要设备、工具及辅助材料 / 024

3.3　油泥模型成型方法 / 026

3.4　油泥模型表面装饰 / 033

　　3.4.1　涂饰工具与涂饰材料 / 033

　　3.4.2　油泥模型表面涂饰方法 / 034

第4章　石膏模型制作 /041

4.1　石膏的成型特性 / 042

4.2　制作石膏模型的主要设备、工具及辅助材料 / 042

4.3　石膏模型成型方法 / 043

　　4.3.1　调和石膏溶液 / 044

4.3.2 反求成型（复制成型）/ 044

4.3.3 旋转成型 / 051

4.3.4 雕刻成型 / 054

4.4 石膏模型表面涂饰 / 057

4.4.1 涂饰工具与涂饰材料 / 057

4.4.2 石膏模型表面涂饰方法 / 058

第5章 硅橡胶模具制作 / 061

5.1 硅橡胶的成型特性 / 062

5.2 制作硅橡胶模具的主要设备、工具及辅助材料 / 062

5.3 硅橡胶模具成型方法 / 063

5.3.1 双组分室温硫化硅橡胶的调和方法 / 064

5.3.2 浇注成型 / 064

5.3.3 涂刷成型 / 068

5.4 通过硅橡胶模具反求成型 / 071

第6章 塑料模型制作 / 073

6.1 热塑性塑料的成型特性 / 074

6.2 制作热塑性塑料模型的主要设备、工具及辅助材料 / 074

6.3 热塑性塑料成型方法 / 077

6.3.1 冷加工成型 / 077

6.3.2 热加工成型 / 081

6.3.3 塑料表面抛光处理 / 086

6.3.4 制作案例 / 087

6.4 塑料模型表面涂饰 / 091

6.4.1 涂饰工具与涂饰材料 / 091

6.4.2 塑料模型表面涂饰方法 / 092

第7章 玻璃钢模型制作 / 095

7.1 玻璃钢的成型特性 / 096

7.2 制作玻璃钢模型的主要设备、工具及辅助材料 / 096

7.3 玻璃钢模型成型方法 / 097

7.3.1 不饱和聚酯树脂的调和方法 / 098

7.3.2 裱糊成型 / 099

7.4 玻璃钢模型表面涂饰 / 101

第8章 木模型制作 /103

8.1 木材的成型特性 / 104

8.2 制作木模型的主要设备、工具及辅助材料 / 104

8.3 木模型成型方法 / 107

8.4 木模型表面涂饰 / 115

    8.4.1 涂饰工具与涂饰材料 / 115

    8.4.2 木模型表面涂饰方法 / 116

第9章 金属模型制作 /119

9.1 金属的成型特性 / 120

9.2 制作金属模型的主要设备、工具及辅助材料 / 120

9.3 金属模型成型方法 / 124

    9.3.1 使用金属管材、棒材加工成型 / 124

    9.3.2 使用金属板材加工成型 / 126

    9.3.3 使用金属丝网加工成型 / 128

    9.3.4 金属零件组装成型 / 129

9.4 金属模型表面涂饰 / 132

第10章 快速原型技术制作产品模型 /135

10.1 快速原型成型原理及成型方法 / 136

10.2 成型实例 / 137

第11章 模型制作赏析 /139

后记 /158

第1章 工业产品模型制作概述

1.1 产品模型制作的重要意义

产品模型制作与表现是现代工业产品设计过程中的关键环节，在设计中发挥着重要作用。产品模型的制作不但可以掌握立体表达设计的方法以实现创造性的设计过程，作为实物依据展示、评价、验证设计内容，还可以提前预测、反馈、获取各种设计指标，为设计与生产提供过渡性的环节。

产品模型制作与表现过程是综合体现设计内容、检验设计正确与否的有效方法。

1.1.1 产品模型制作是设计实践过程

产品模型制作是进行创造性设计实践的过程，经过设计师设计构思的产品概念需要以有形的形态表现出来。表现一个完整的产品形态需要对其形状、尺度、结构、色彩、材料使用以及生产加工等问题进行综合分析与研究。

设计师可以将产品模型作为一种综合表现设计内容的载体进行设计实践与实验研究，产品模型能给予设计师非常强烈与直观的设计感受，通过模型制作过程可不断激发设计师的设计联想，通过对新学科知识、新技术、新材料的设计应用实现再创造的设计过程，在制作与表现过程中借助产品模型对设计内容进行反复推敲与调整，找出设计中存在的缺点与不足，不断补充和完善设计。

1.1.2 产品模型制作是综合表达设计内容的有效方法

由于产品多以三维立体形态出现，这就要求设计师具备立体表现设计内容的能力。在设计构思阶段为了快速表达设计内容，设计师经常在二维平面上进行。作为一种设计交流方式，二维平面确实体现出快速、简便的优势。由于表现形式所限，二维平面无法全方位、立体地真实地表现出三维效果的设计内容，二维平面上表达的设计内容虽然具有可视性，但不具备真实的设计体验性与设计触摸性。与二维表现方式截然不同，产品模型是以一个真实、完整的空间体的形式出现，所展示的设计内容展现出了立体、全方位的视觉效果，弥补了二维设计表现的不足。产品模型是一种真三维的设计表现形式，经过立体表现过程，所确定的产品形态、人机尺寸、结构关系、材料应用等一些实际设计内容，具备了真实性与完整性。

通过产品模型制作既能够提高三维表达设计内容的能力，还可以直接通过产品模型对设计内容进行修改与调整，进而不断完善设计。采用立体表现方法综合表达设计内容是设计师设计能力的重要体现。

1.1.3 产品模型是展示、评价、验证设计的依据

为避免因设计失误而造成的各种损失,在产品正式投产之前可借助产品模型对设计内容进行展示、评价、验证。产品模型既能综合体现设计内容,也为综合验证设计提供了实物参考依据。

1. 通过产品模型展示外观设计效果

产品外观给人的第一印象非常深刻,在保证产品实用功能合理的前提下外观设计质量能直接影响人们的购买欲望,因此,产品正式投产之前需要对其外观进行深入细致的设计。现代产品设计中借助产品模型模拟展示设计内容,已经成为一种行之有效的设计表现方法,设计师可以利用模型对产品的造型形态、表面色彩、材质肌理等外部特征进行悉心设计与反复调整,通过模拟表现为最终外观设计方案提供了分析、研究的实物参考依据。

2. 通过产品模型研究人–机关系的合理性

合理的人–机尺寸设计使人产生舒适、好用的感觉,这些实际感受要在产品的使用过程中才能得到真实体验。为了避免设计失误,设计师可以提前借助产品模型作为实验依据进行设计体验。经过对形态尺寸的反复修改与调整,获得正确的人–机尺寸数据。

3. 通过产品模型进行投产前的综合验证工作

产品正式投产之前需要对各种设计指标进行综合评估。利用产品模型作为实验依据可进行产品功能实验、结构分析、材料应用、生产工艺制定、生产成本核算等诸多问题的分析与研究,通过对各项设计指标的综合验证最终确定是否可以批量生产。

总之,设计师通过产品模型制作,既能经历设计体验与设计实践的过程,又能在产品正式投产之前提供可行性分析的研究依据,产品模型制作是实现从研发到正式生产之前的关键环节与重要保障,因此,产品模型制作在设计中发挥着重要的作用。

1.2 产品模型的种类与用途

根据产品模型在各个设计阶段所发挥的实际作用,可以将产品模型分为形态研究模型、功能实验模型、交流展示模型、手板样机模型四种类型。

1.2.1 形态研究模型

形态研究模型是表现产品形态构思内容及研究形态设计合理性的模型。

从形态的概括表现到深入研究阶段，形态研究模型可以分为"形态草模型"和"标准原型"。

1. 形态草模型

形态草模型是用于快速概括表达产品形态设计构思的模型。在产品形态设计的初期阶段，设计师往往都有这样的感受：紧张的思考会促使脑海中不断闪现出形状各异的立体形象，为快速反映形态构思内容，可以使用构思草模型这一直观、形象的立体表达方法进行设计表现，设计师在此阶段应尽量将头脑中的多种形态创意表现出来。

进行形态草模型制作的目的是为形态设计的再深入过程提供分析、推敲、比较的实物参照依据。如图1-1所示，《电池盒》设计的最终外观形态是经过形态草模型的设计阶段逐渐演变形成的。

在形态草模型的塑造过程中应着重表现整体形态的结构转折变化关系，不必拘泥于尺寸精确度、外观精细度、表面肌理效果等细节方面的处理（图1-1）。

由于形态草模型主要用于快速表达形态构思内容，制作时应采用易于加工的黏土、聚氨酯发泡材料、纸制材料等进行表现（图例中使用的材料是聚氨酯发泡材料），采用易加工的材料可以使表现过程更加简便、快捷。

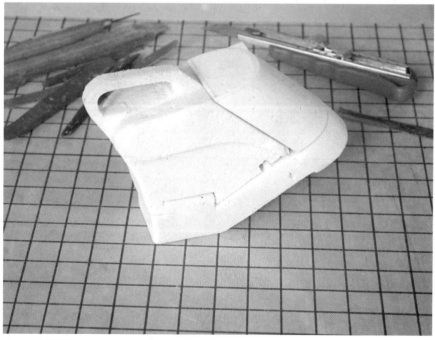

图1-1 形态草模型

2. 标准原型

标准原型是指达到设计标准的外观形态模型。

由于在形态草模型阶段已经概括表现制作出许多形态设计方案，在进入标准原型制作之前通过对前期形态方案进行分析比较，从中选取可以继续深入设计的形态方案继续完整表现。

标准原型制作过程是继续深入研究、改进、完善形态设计的过程，一个完整的产品外部形态设计，既要体现出鲜明的产品形态特征，还应充分考虑形态是否符合生产加工的要求。

通过标准原型可以检验形态设计的合理程度，产品造型形态设计不能只注重形态本身的视觉效果，应该充分考虑产品最终形态确立所受的条件制约，如材料的应用能否满足正式产品的形态变化要求，造型结构的变化是否符合加工工艺条件等。一味地盲目追求造型形式变化而不考虑条件制约势必会造成诸多问题，甚至影响总体设计的深入展开，不具备生产条件的外观造型其外部特征再鲜明也是无价值的形态设计。这就需要在标准原型表现过程中进行综合分析，结合实际问题及时对设计的形态进行反复调整，直到完整表达出符合要求的产品外观造型。

标准原型制作应采用易加工的材料制作，如油泥、石膏、黏土、木材等。由于这些材料具有易加工、易成型等特性，可根据设计要求及时调整外观形状，准确塑造出产品外观造型。如图1-2～图1-4所示，分别使用黏土、石膏、油泥制作（图11-1）的标准原型。

借助标准原型还可以根据不同设计阶段的具体表现要求，复制出形态相同但材质不同的模型（如展示模型、手板样机模型），便于长期保存、展示。

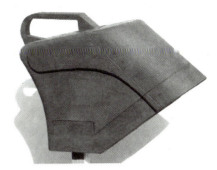

图1-2 采用黏土材料制作的标准原型

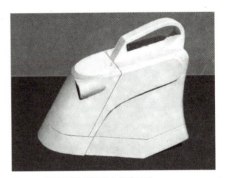

图1-3 采用石膏材料制作的标准原型

1.2.2 功能实验模型

功能实验模型是验证产品功能设计合理性的模型，具有反馈实验数据的作用。

为确保产品功能设计的合理性，应借助功能实验模型对产品的功能设计内容进行模拟实验与分析，只有经过实验过程所反馈出的实际数据才能准确评判功能设计指标是否达到要求，进而找出设计中存在的问题，修正设计。产品具有实用功能才能真正体现出其设计价值。

功能实验模型不追求产品外在的效果表现，侧重于实验研究，通过功能实验模型可以完成诸如：人-机尺度分析与接触体验；结构设计与结构连接方式检验；材料应用与受力情况测试（对应用材料进行强度实验、震动实验、拉伸与抗弯实验、抗疲劳实验等）；风动力实验等实验内容。

如图1-5所示的"可充气式车用洗衣机"实验模型，通过该实验模型可以进行两项关键的设计指标测试：

图1-4 采用油泥材料制作的标准原型

（1）支撑强度实验：采用防渗漏织物经粘合后形成充气气囊，充气后实验支撑力度。

（2）倾斜角度实验：合理的倾斜角度能够形成合理的旋转折叠闭合方式，达到节约空间的目的。

如图1-6所示的"游戏机手柄"实验模型，通过该实验模型进行两项关键设计指标测试：

（1）手掌在把持游戏机手柄位置时的舒适度体验。

（2）检测游戏机手柄上各按键的人机尺寸关系。

如图1-7所示的"插接式灯具"实验模型，通过该实验模型进行两项关键设计指标测试：

（1）实验板材插接结构的牢固性。

（2）排布插板位置，测试光效结果。

1.2.3 交流展示模型

交流展示模型主要用于表达概念产品的设计内容，模型要具有设计交流、展示评价与产品推广等作用。

交流展示模型制作要精细，模型应真实表现出未来产品的外观形态、色彩、材质肌理效果、结构连接变化等外部特征。在制作与表现的方法上可以"不择手段"，

图1-5 可充气式车用洗衣机

图1-6 游戏机手柄

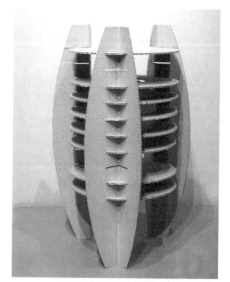
图1-7 插接式灯具

无论使用何种表现材料、采用何种加工制作方法，只要能够仿真表现出未来产品的实际效果，使之具有展示、宣传、交流、评价的作用，交流展示模型便达到了制作的目的（图1-9、图1-10）。

1.2.4 手板样机模型

手板样机模型是指产品量产之前以手工操作方式、借助加工设备制作而成的产品样机。

手板样机模型是产品模型制作的最高级表现形式，是产品正式投产之前进行各种设计指标综合考察、检验的实体依据。无论是对产品的外部形态还是对内部结构都有着严格的表现要求，应该完全按照综合改进后的设计要求进行真实、准确的制作。

进行手板样机模型制作的目的是对正式批量生产之前的设计产品进行产前综合分析，具有测试产品的实用性能；体验产品的人机尺度关系；表现产品的色彩、肌理、质感等外观变化特征；分析产品的结构变化关系；检验产品材料的物理特性及加工特性；制定产品的加工工艺与生产流程；核算产品的生产成本与销售价格制定等作用（图1-11～图1-13）。

利用手板样机模型进行生产前期的综合实验与评定，既避免了不必要的设计浪费又缩短了设计研发与生产实验周期。

1.3 产品模型材料选用

实体产品模型制作离不开材料的使用，熟练地运用与把握材料的特点和加工工艺可以制作出理想的产品模型。可用于模型制作的材料种类很多，金属材料、无机非金属材料、有机高分子材料（通常称为高分子材料）和复合材料，都可以用作模型制作。在模型制作之前应当充分考虑材料因素对模型表达的影响，应该根据设计的不同阶段选择适合的材料进行制作表现，以满足各设计阶段的设计要求。

选用金属材料进行模型制作虽然成本较高，但无论是外观效果还是内在质量都比较好。由于金属材料成型过程比较复杂，制作难度大，需要专用加工设备经过多道加工工序才能成型，因此制作过程中要慎重使用金属材料。若设计中确有实际需要，不排除金属材料的使用，合理使用金属材料是为了真实表达设计内容、满足设计要求。

很多无机非金属材料、有机高分子材料和复合材料都非常适于模型制作，如黏土、油泥、石膏粉、木材类、纸类、塑料类、橡胶类等，都是制作模型比较理想的材料。这些材料的易成型性好，便于加工制作，在制作过程中对加工设备、加工工

图1-8　便携式煎蛋器

图1-9　电动自行车

图1-10　导盲手杖

图1-11　新明式座椅（样机）

艺的限制较小，比较容易完成制作过。特别是油泥、黏土、石膏粉、木材、塑料等材料，由于它们的可塑造性强，能够表现出各种复杂的造型形状，尤其可以充分体现出设计中一些细节的造型。使用这些材料进行制作，局限性小、表现性强，而且材料成本与制作成本相对较低，所以被广泛用于产品的模型制作中。

1.3.1 考虑模型材料的适用性

通常根据产品设计的不同表现阶段及特殊表现要求选用所需的模型材料进行加工制作。

（1）形态研究模型主要用于快速记录、概括表达产品外部形态以及塑造达到设计标准的产品外观形态。在模型材料选用上应体现出成型速度快、便于加工、易于表现、可反复使用等特性。如油泥、黏土、硬质聚氨酯发泡塑料、纸材等，这些材料比较适于制作形态研究模型。

图1-12 电动自行车（样机）

（2）功能实验模型是根据产品的特殊需要对产品的结构、形态、功能、性能等进行测试的模型。被实验部位应该按照设计要求选用材料。如进行汽车座椅头枕冲击强度实验时必须按照设计要求选用实际材料，才能正确判定头枕内部的钢骨架是否符合冲击强度的要求，如果用替代材料进行实验，会由于获取的数据不准确造成潜在的安全隐患，功能实验模型也就失去了自身的作用。又如，进行汽车风洞实验，由于使用油泥材料制作的模型完全可以满足风洞实验

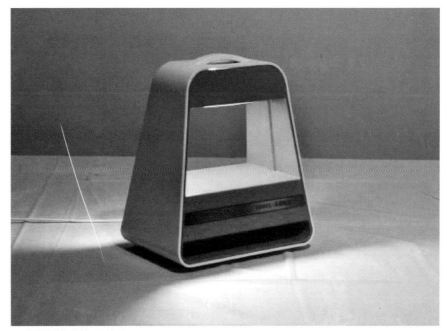

图1-13 紫外光照射灯（样机）

要求，既提高了模型制作效率，也减少了不必要的投入。

（3）交流展示模型以表现产品的外观为主，应当尽量选用能够体现展示效果并易于长期保存的材料。制作中根据要求灵活运用，按设计所需合理使用真实材料或替代材料，目的是体现逼真的外观效果。常用的展示模型材料有塑料、木材、金属、高强石膏等。展示模型的外观效果除了利用材料本身具备的色彩、肌理、质感等特点，一般需要借助表面处理、涂饰等工艺完成。

（4）手板样机模型是正式产品批量投产之前的样机模型，一般情况下采用未来产品需要的真实材料，目的是在实验过程中检验各种材料自身的物理特性及加工特性，实际测试产品的机械性能、结构关系、人机尺度，直接反应材料的色彩、肌理、质感等变化特征给人造成的视觉感受与触觉感受等。

1.3.2 考虑模型材料的易加工性

在不违背设计表现要求的前提下原则上应该选用易于加工制作的材料。模型制作与表现的过程实际上是设计的再深入过程，通过制作，综合体现设计内容，发现设计中存在的各种问题，以便对设计及时调整、不断改进。正因为设计是在不断变化、改进与调整的过程中逐渐完成的，产品形态也将随之产生变化，而产品的模型制作与表现又是比较复杂的过程，这就要求被选用的材料既要容易体现设计效果，还要利于加工以适应不断变化的表现要求。

模型材料应该易加工的另一个重要原因，是设计师在设计表现过程中通常习惯采用手工加工方式表现设计内容。由于手工制作过程具有诸多优势：受加工条件和加工设备的限制较少，制作成本低，操作简便、快速，制作方法灵活多样，易于表现等，能够满足设计中不断变化的要求。现代产品设计中的模型表现过程很大程度上需要手工操作完成。手工制作具有诸多优点，将会长时期地发挥它在设计中的重要作用，因此，应当充分考虑模型材料的易加工性。

当然，在立体表达设计内容的过程中采用现代加工技术进行模型制作能够更精确地表现设计内容，现代加工技术表现已经成熟、定型的设计内容无疑是非常理想的制作方法，但设备投入大、制作成本比较高。

无论采用传统的手工制作方法，还是利用现代加工技术制作产品模型，需要充分了解模型材料的加工特性，掌握正确的加工方法，合理使用模型材料，满足设计表现需求，正确发挥产品模型在设计中的重要作用。

1.3.3 按材料区分模型

根据不同设计阶段的表现要求，作为模型制作经常使用的主要材料有：黏土、油泥、石膏、塑料、木材、金属、橡胶等。

如果按照制作材料区分模型，又可以将模型分为黏土模型、油泥模型、石膏模型、不饱和树脂（玻璃钢）模型、塑料模型、木质模型、金属模型、橡胶模型等。

采用手工方式制作产品模型，首先要熟练掌握单一材料进行制作的方法，才能进行综合制作，以满足不同设计阶段需要的模型，达到设计表现的要求。

在后面章节中将通过设计实例介绍常用模型材料的加工特性及制作方法。

本章作业

思考题：
1. 产品模型制作的重要性体现在哪些方面？对模型制作的本质有何理解？
2. 分析不同种类的产品模型在不同设计阶段所发挥的作用？

第2章 黏土模型制作

2.1 黏土的成型特性

黏土是一种疏松的或呈胶状致密的水铝硅酸岩矿物，是多种细微矿物和杂质的混合物，由于土质的不同，呈现白、黄、红、黑、灰等颜色。

黏土材料来源广泛、取材方便、价格低廉，经过"洗泥"工序和"炼熟"过程质地更加细腻。黏土具有一定的黏合性，可塑性极强，在塑造过程中可以反复修改、任意调整，修、刮、填、补比较方便，还可以重复使用，是一种比较理想的造型材料（图2-1）。

黏土材料特别适于制作形态草模型，也可以借助黏土材料塑造体量不大的标准原型。

黏土材料也存在自身的缺点，如果黏土中的水分失去过多则容易使黏土模型出现收缩、龟裂甚至产生断裂现象，不利于长期保存（图2-2）。

由于黏土材料自身的缺陷，不适于在黏土模型表面进行效果处理。

2.2 制作黏土模型的主要设备、工具及辅助材料

1. 炼泥机（图2-3）

黏土原材料质地比较疏松，不能直接用于模型制作，通过炼泥机反复挤出、塑炼，可使黏土致密、塑性增强。如果没有此设备可以采用手工制备的方法精炼黏土材料（制备方法详见2.3黏土材料的制备）。

图2-1 黏土原料及"炼熟"的黏土

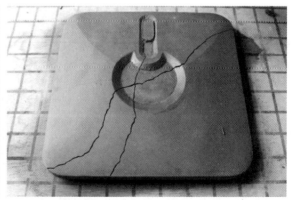

图2-2 黏土模型易龟裂

2. 泥片机（图2-4）

用泥片机可以将泥土擀压成不同薄厚的泥片。

3. 拉坯机（图2-5）

拉坯机主要用于制作土质材料类的薄壁回旋体模型，拉出的泥坯壁薄且均匀。

4. 旋转式雕塑工作台（图2-6）

旋转式雕塑工作台的台面可以旋转，也可以根据需要提升工作台面的高度，在加工操作过程中比较灵活、方便。

工作台面上放置一块带有坐标尺寸的木板，在加工过程中作为尺寸参照。台面可以拆卸，不影响后续加工。

5. 泥塑工具（图2-7）

泥塑工具是对黏土模型进行细化处理时使用的工具，可以对黏土材料进行刮削、镂雕、压光、切割等操作。

市场上有泥塑工具的销售。为了满足模型制作要求，设计师也会根据实际需要和个人使用习惯自行制作一些形状各异的泥塑工具，可以使用竹片、木材、金属、塑料或牛角等材料。

常用的泥塑工具主要包括：

（1）刮刀：主要用于刮削黏土模型的大体面形状，刃口有锯齿状和平口状。可以用金属锯条代替刮刀。

（2）修形刀：根据形态变化可以选用相关形状的修型刀对细节形态进行精细塑造。

（3）画针：可以在黏土模型表面勾画出轮廓线形的痕迹，依靠轮廓线形准确地进行加工。

（4）镂刀：镂挖、镂切形体。刃口用金属丝圈合成平口和圆口两种形状。

6. 度量器具（图2-8）

度量器具主要界定、标记模型各部位的形状、尺寸。

常用的度量工具有直尺、角尺、半圆仪、高度画规、云形板、游标卡尺等。

7. 截面轮廓模板（图2-9）

截面轮廓模板是界定产品外观形状的重要工具。设计师在标准原型制作过程中根据构想出的产品形态细节，及时设计、制作出一些关键部位的轮廓模板，通过轮

图2-3

图2-4

图2-5

图2-6

廓模板准确界定形态的边缘轮廓、曲面的截面轮廓、截面之间的转折边角等局部形状。

模板可以用比较薄的塑料板、木板或较硬的纸板等材料制作。

注意：截面轮廓模板要妥善保存，以备在选用其他材料（如油泥材料、石膏材料等）制作更为精细的模型时作为参照模板进行形状界定。

8. 喷壶、塑料薄膜（图2-10）

黏土材料中的水分很容易蒸发，导致模型表面出现龟裂或断裂的现象，还会造成泥料硬度不均等现象，一旦发生便会给加工带来很大的麻烦，甚至造成最终无法完成制作的结果。为了避免这些问题的发生，在塑造过程中应该随时观察泥料的湿润度，适时用喷壶喷洒模型表面，始终保持泥料的可塑性。

停止加工以后应该使用塑料薄膜将黏土模型覆盖，防止水分蒸发。

9. 切割工具（图2-11）

电动曲线锯、手锯用于切割加工。

进行模型制作时可以使用多种辅助材料，还可以使用手锯、电动曲线锯对辅助材料进行切割加工。

10. 锉削工具（图2-12）

常用的锉削工具有板锉及什锦组锉，用对辅助材料进行锉削加工。

板锉有平面与弧面两种类型，可以用于大面积锉削。什锦组锉有很多截面形状，加工不同形状的孔型时使用什锦锉比较方便。

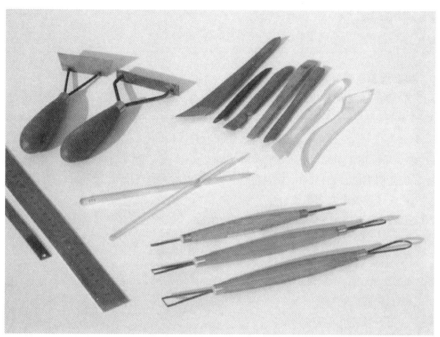

图2-7

图2-8

2.3 黏土材料的制备

黏土的原料不能直接用于模型制作，要经过"洗泥"和"炼熟"加工后才能使用。自行制备黏土泥料应该按照如下步骤完成。

1. 选料

使用黏土制作模型时尽量选用粘结性比较强、含砂比较小的泥土。

将选用的黏土原料分成若干小块后彻底晾干，如图2-13所示。

2. 粉碎

将晾干的黏土原料破碎成细小的碎块，如图2-14所示。

3. 筛选

用目数较高的筛网筛出均匀、细小的黏土颗粒，如图2-15所示。

4. 浸泡

浸泡泥土正确的方法是：

（1）先将清水放入容器；

（2）将黏土颗粒均匀地撒入清水中直至液面为止，此时不能搅拌，如图2-16所示。

如果液面上有漂浮的杂质，应该将其捞出、清净。

5. 搅拌

务必等清水将干燥的黏土颗粒完全浸透，再沿同一方向均匀旋转搅拌，形成黏土泥浆（图2-17）。

如果黏土颗粒没有完全浸透就急于进行搅拌，颗粒会重新团在一起结成泥块，影响黏土与水的充分融合。

上述步骤1～5称为"洗泥"过程。

6. 沥浆

将搅拌好的泥浆缓缓地倒在石膏板上。石膏板要干燥，通过干燥的石膏板将泥浆中的水分吸走，如图2-18所示。

石膏溶液调和方法与浇注方法见"4.3.1调和石膏溶液"。

图2-9

图2-10

图2-11

图2-12

图2-13

图2-14

图2-15

图2-16

图2-17

图2-18

7. 起泥

待泥浆的部分水分被石膏吸去，用手触摸黏土感觉不太沾手时，慢慢将其卷起。如图2-19所示。

8. 炼熟

将卷起后的黏土放入炼泥机反复挤出，如果没有该设备也可以人工"炼熟"黏土，用力揉搓或摔打成卷，直到黏土干湿适中不沾手、具有柔韧性。此步骤称为"炼熟"，如图2-20所示。

图2-19

9. 储存

将"炼熟"的黏土分块，用塑料薄膜包裹黏土可以有效防止黏土中的水分蒸发，以备随时使用，如图2-21所示。

图2-20

2.4 黏土模型成型方法

黏土材料比较适合用于制作形态草模型，或者制作体量不大且比较低矮的标准原型。

2.4.1 黏土形态草模型成型方法

在产品外观形态的构思阶段经常使用黏土材料进行设计表现，这是由于黏土材料的特性非常适于快速记录设计构思和进行概括表达。在形态设计构思阶段应该多制作一些形态草模型，为深化形态设计多提供一些参考对象。

如图11-1所示的形态草模型是《电池盒》设计初期阶段的形态创意表现。

图2-21

1. 快速体现

在产品形态设计的初期阶段，经过紧张的思考，许多设计形状会在头脑中不断闪现，应及时快速地将形态创意表现出来。

最便捷的快速体现方法是一边思考一边用双手大致捏塑出构思的形态，如图2-22所示。

2. 概括塑造

使用泥塑工具概括塑造出各局部形态之间的比例关系，重点突出主体的结构变化，着重体现形态的整体感觉，不必拘泥于细节方面的处理，如图2-23所示。

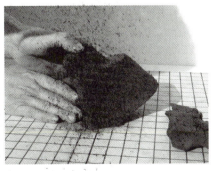

图2-22

2.4.2 黏土标准原型成型方法

在草模制作阶段，设计师已经概括表现出此产品外观造型的多种样式，进入标准原型制作阶段，要在诸多草模型外观造型样式中选择可以继续深入的设计方案作为参考，继续进行标准原型制作。

标准原型的加工制作相对比较复杂，但这是作为设计师必须掌握的标准原型的制作方法。因为原型制作与表达过程，实质上就是设计师进行深入设计的过程，只有通过设计师亲自推敲与改进，才能逐渐将其设计的形态完整地表现出来。

下面以图11-2所示的《DVD播放器》为例，介绍黏土标准原型的制作方法与步骤。

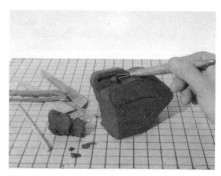

图2-23

1. 制作轮廓模板

（1）绘制平面图纸

在标准原型制作之前选择可以继续深入设计的构思草模型作为参照，进行二维图纸设计，分别绘制出X、Y、Z三个方向的正投影视图，如图2-24所示。

（2）切割模板形状

可以在薄板材上直接绘制图形，使用曲线锯沿图形轮廓进行切割，制作X、Y、Z三个方向的轮廓模板，如图2-25所示。

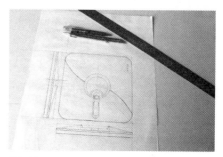

图2-24

（3）边缘修整

用金属锉刀将轮廓边缘的切割痕迹打磨光顺、平滑，如图2-26所示。

2. 制作内骨架

制作内骨架的目的是提高模型强度、减轻模型重量。

根据黏土模型的体量大小可以选用硬质聚氨酯发泡塑料、木材、金属等材料制作内骨架。使用硬质聚氨酯发泡塑料制作内骨架的方法可参看第3章3.3油泥模型成型方法中的2.制作内骨架（内芯）。由于该模型体量比较小，可直接使用薄木板和金属丝制作内骨架。

图2-25

（1）定位Z轴投影方向模板

将Z轴投影模板准确定位于带有坐标线的工作台面上，用金属元钉将模板与工作台面连接。元钉不要全部钉入，留出一部分余量，如图2-27所示。

（2）缠绕金属丝

将细金属丝缠绕于元钉冒上，如图2-28所示。

缠绕金属丝的目的是防止黏土脱离底板。

图2-26

3. 贴附黏土

（1）从制备好的整块泥料上分取小块泥料，将小块泥料按次序碾压于Z轴投影模板表面，如图2-29所示。

（2）要压实、压紧泥料，以消除泥料之间产生的空隙、防止泥料脱落，如图2-30所示。

（3）如果一次贴附的泥料厚度不够，继续逐层添加，各部位填满黏土以后用木槌或手将表面大致拍平，如图2-31所示。

4. 基本形状塑造

（1）使用带有齿形刃口的刮刀或锯条进行通体刮削，刮掉凹凸不平的泥料，如图2-32所示。

（2）刮削时要使用交叉方法，交叉刮削是指后一刀与前一刀的刮削方向相互交叉。如果只是沿同一个方向刮削，被刮削面很难加工平整顺畅，图2-33所示。

（3）加工Z轴投影边缘的形状，如图2-34所示。由于提前把Z轴投影模板固定于工作台面，当使用X或Y方向轮廓模板刮削与界定边缘形状的时候，沿着Z轴投影轮廓模板的边缘进行刮削，可准确加工出Z轴投影轮廓形状。

（4）分别使用X、Y、Z方向的轮廓模板及度量工具随时界定轮廓形状，以保证形状加工的准确性，如图2-35所示。

（5）轮廓模板既可以界定轮廓形状，也可作为加工工具塑造形态，如图2-36所示。

（6）基本形状塑造完成以后使用平口

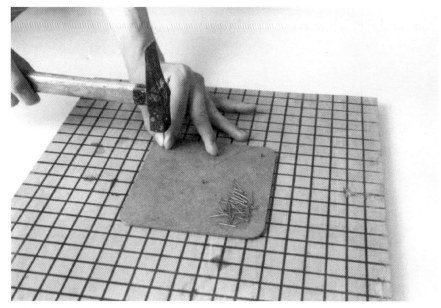

图2-27

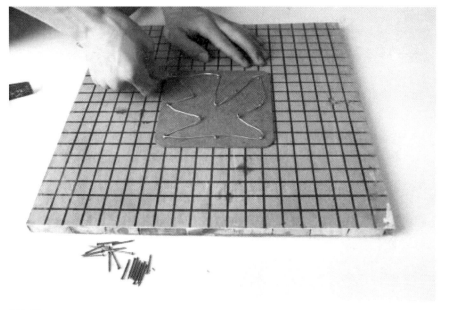

图2-28

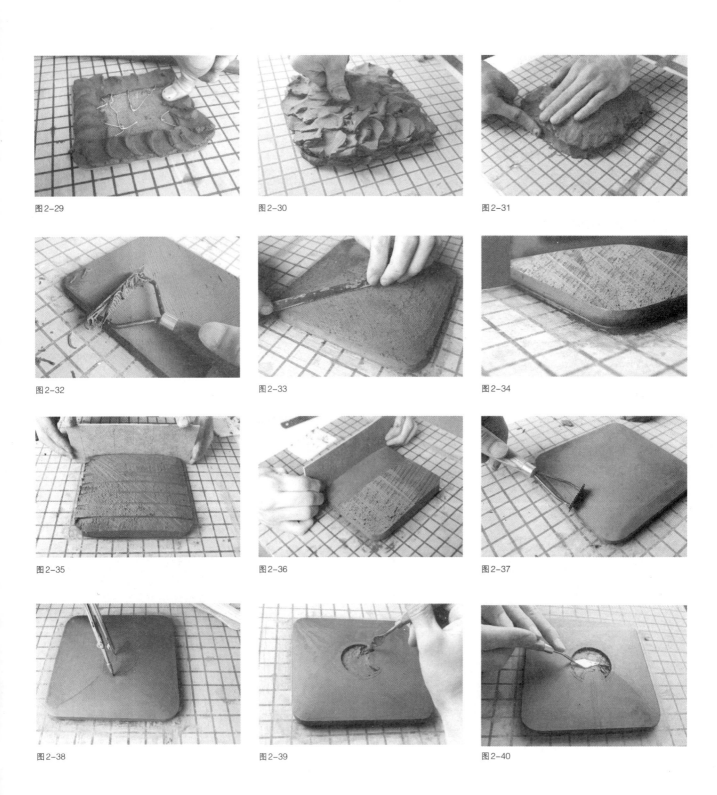

图 2-29

图 2-30

图 2-31

图 2-32

图 2-33

图 2-34

图 2-35

图 2-36

图 2-37

图 2-38

图 2-39

图 2-40

刮刀通体刮去粗毛面,如图2-37所示。

5. 精细塑造

(1) 选择有突出特征的局部形态进行深入加工。使用画线工具勾画出局部的线形形状,如图2-38所示。
(2) 使用头部比较窄小的刮刀、镂刀加工内表面,如图2-39所示。
(3) 压平内表面,如图2-40所示。
(4) 用切刀切割出斜面形状,如图2-41所示。
(5) 使用修形刀细致修饰局部形状,修形过程中在模型表面喷少量的清水,便于压光表面,如图2-42所示。
(6) 继续进行其他部位的细部塑造,使用画线工具画出局部形状,如图2-43所示。
(7) 使用镂刀等工具精细加工局部形状,如图2-44所示。

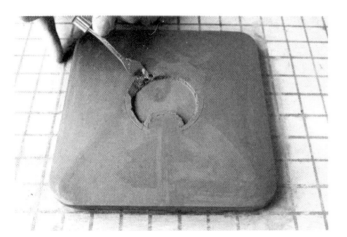

图2-41

图2-42

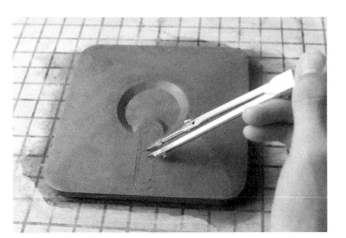

图2-43

图2-44

（8）各部位形态精细塑造完成以后在黏土模型表面进行通体压光处理。用压光刀蘸一点水进行压光，可以获得非常光滑的表面效果，如图2-45所示。

（9）切记：加工过程中经常对黏土模型进行喷水养护，如停止加工则务必在黏土模型表面均匀地喷洒一层清水，再用塑料薄膜将整个模型包裹严紧，如图2-46所示，目的是防止黏土模型因失水过多产生开裂等现象。

由于黏土标准原型不宜长期保存，因此在制作完成以后尽快通过反求成型方法（见本书中4.3.2反求成型）复制出形态相同但材质不同的模型。

图2-45

图2-46

本章作业

思考题：
1. 黏土材料的成型特性是什么？
2. 叙述黏土标准原型的加工方法与操作步骤。

实验题：
使用黏土材料制作多个形态草模型，概括表现产品外观形态设计的构思内容。

第3章 油泥模型制作

3.1 油泥的成型特性

产品模型专用油泥是一种人工合成材料,主要成分有灰粉、油脂、树脂、硫磺、颜料等。市场上有专用的模型油泥出售,如图3-1所示。

在可塑性、易加工性、黏合性、可反复使用等特性上,油泥材料与黏土材料存在着一些相似但又优于黏土的特性,如油泥材料的可塑造性极强,具有良好的加工性,可以制作出极其精细的形态;油泥不受水分的影响,不易干裂变形;常温状态下油泥具有一定的硬度与强度。

油泥非常突出的特性是遇热变软,软化温度在60℃以上,随温度降低材料又逐渐变硬。该特性使得加工过程中随时需要一个可以控温度的热源,特别是在初期的基本形态塑造阶段,需要材料保持一定的软化温度才能进行正常的操作。

另外,专用油泥材料的价格很高,其制作成本的投入比较大。

油泥材料适于制作标准原型、交流展示模型、功能实验模型。

3.2 制作油泥模型的主要设备、工具及辅助材料

1. 加热工具

(1) 红外线加热箱(图3-2)

常温下的模型专用油泥比较硬,需要软化以后才能方便地附着于内骨架上。油泥的软化温度恒温控制在60℃最为适宜。

(2) 热风枪(图3-3)

热风枪操作灵活,可用于局部加热油泥。

2. 工作台

(1) 固定式工作台(图3-4)

工作台面上有坐标线,加工过程中通过坐标线控制X、Y方向的位置点。

图3-1

图3-2

图3-3

在固定式工作台上可以加工体量比较大的模型。

(2) 旋转式工作台（图2-6）

旋转式工作台的台面可以旋转，操作时比较方便，在旋转式工作台上适于加工体量较小的产品模型。

根据使用要求可以自行制作简易的工作台。

3. 油泥加工工具

油泥加工工具用于对油泥进行刮削、镂刻、剔槽、切割、压光等处理。市场上有专用油泥加工工具出售，品种、规格齐全，也可根据模型制作要求自行制作一些特殊用途的加工工具。

常用的加工工具主要包括：

(1) 刮刀（图3-5）

刮刀的金属刃口非常锋利，手柄为木质。刃口形状有直线形和弧线形，刃口又分为锯齿口和平口两种，锯齿口刮刀用于大面积粗刮、找平油泥表面，平口刮刀可对油泥表面进行精细加工。

(2) 镂刀、修形刀（图3-6）

镂刀刃口用扁片状金属丝圈合成特定形状。用于镂空形体、切割凹槽。

使用修形刀对局部细节形态进行精细塑造。

(3) 刮片（图3-7）

刮片用富有弹性的金属薄钢板制成，厚度从0.12～1.5mm不等。

刮片既可以加工曲面形状，还能去除刀痕，精刮和压光油泥模型表面，使得表面光洁、顺畅，为在油泥模型表面进行贴膜处理打好基础。专用油泥贴膜非常薄，如果油泥模型表面有刀具加工痕迹，在贴膜表面上则非常显眼。

4. 度量器具（图2-8）

依靠度量器具界定、标记模型各部位的尺寸和形状。

5. 切割工具（图2-11）

在油泥模型的制作过程中需要使用许多辅助材料，用手锯和电动曲线锯对辅助材料进行切割加工，如切割聚氨酯发泡塑料和截面轮廓模板的边缘形状等。

6. 锉削工具（图2-12）

对辅助材料进行锉削加工，如聚氨酯发泡塑料和截面轮廓模板的内、外边缘等。

图3-4

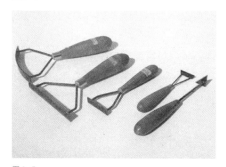

图3-5

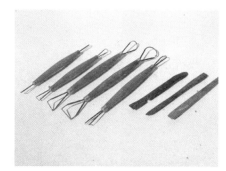

图3-6

图3-7

7. 截面轮廓模板

使用油泥材料制作标准原型,还需要制作带有坐标线的轮廓模板以辅助完成标准形状的界定(制作带有坐标线的轮廓模板请参见3.3油泥模型成型方法1.制作带有坐标线的截面轮廓模板)。

8. 构思胶带(图3-8)

宽窄不一的构思胶带具有黏性,可以直接贴在油泥上并能够随意变化线形走向。

构思胶带具有两个方面的作用:

(1)通过胶带贴出轮廓线形,能够辅助表达线形变化是否符合设计要求。

(2)线形定位以后,将胶带边缘作为界线进行精确加工。

图3-8

3.3 油泥模型成型方法

由于油泥材料的表现力极为精细,常常选用油泥材料制作标准原型。

下面以图11-3所示的《小型水下游艇》设计为例,介绍油泥模型的制作方法与步骤。

1. 制作带有坐标线的截面轮廓模板

由于油泥材料的表现力很强,使用带有坐标线的截面轮廓模板可以更为精确地界定出油泥标准原型各部位的形态变化细节。制作带有坐标线的截面轮廓模板时,根据标准原型的制作需要在投影视图中提取相关部位的轮廓形状。

(1)绘制平面图(图3-9)

选择可继续深入设计的形态构思草模型作为参照,进行二维图纸设计,分

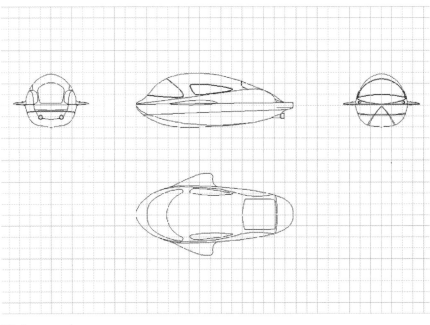

图3-9

别绘制出草模型的X、Y、Z三个方向的正投影视图，在已经绘制完成的图形上继续绘制坐标线，坐标线的间距要与工作台上的坐标线间距相同。按模型制作比例尺寸输出该图形。

（2）裱托图纸（图3-10）

用薄双面胶将输出的图形粘在平直、坚挺的薄板上（三合板、薄塑料板或硬纸板均可）。

（3）切割模板形状（图3-11）

用曲线锯或锋利的刀具沿图形轮廓切割。

（4）边缘修整（图3-12）

用金属锉刀或砂纸将轮廓边缘的切割痕迹打磨光顺、平滑。

（5）整理保存（图3-13）

模板修整好以后按顺序编号，平直叠放于干燥的地方以防止翘曲变形，要妥善保存，以备使用。

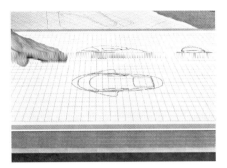

图3-10

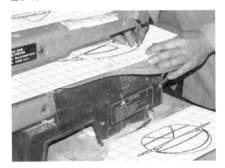

图3-11

2. 制作内骨架（内芯）

油泥模型的内骨架一般采用聚氨酯发泡材料制作，既提高了油泥模型强度、减轻油泥模型重量也方便加工。该材料密度小、质地比较疏松、具有一定的强度，制作时省时、省力、省工序，但材料成本相对较高。如果制作体量较小的模型可以省略内骨架，直接用油泥进行制作，如果模型体量较大还要结合金属或木材等材料组合搭建内骨架。

（1）确定内骨架尺寸（图3-14）

参照图纸制作尺寸内骨架，内骨架外形尺寸要小于图纸尺寸，留出油泥层的余量，根据模型体量大小控制油泥层厚度在10～50mm为宜。

（图3-14的模型油泥层厚度控制在10mm左右）。

（2）切割基本形（图3-15）

先按外轮廓线形的边缘进行切割加工，注意锯割过程中被切割的面要保持平直。

该方向基本形状切割成型以后再对应图纸将其他投影方向的形状画于材料表面，继续使用工具逐渐粗加工出基本形状。

（3）局部形状加工（图3-16）

外轮廓形状基本切割成型以后再进行内部边缘轮廓的加工，如遇有通透、凹陷、边台等形状可选用小型刀具或镂切工具逐渐加工成型。

（4）锉削（图3-17）

基本形态加工成型以后分别选择形状不一的金属锉对锯割部位进行锉削加工，逐渐细化造型形态。

图3-12

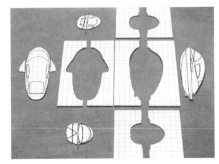

图3-13

(5) 打磨（图3-18）

使用砂纸进行打磨，逐渐将表面上的锯痕以及凹凸不平的地方打磨光整。

打磨时可以用砂纸包住一块小木板，再进行打磨，此方法既省力也可以有效控制被打磨部位的平整度。

3. 安装内骨架

(1) 制作支架（图3-19、图3-20）

内骨架制作成型以后需要用支架将其固定安放，根据油泥模型体量大小可选用木材或金属材料制作支架以确保支撑强度。

支架样式没有固定要求，根据内骨架形状可制作不同式样的支架，以满足支撑强度和方便加工操作为准。

(2) 定位Z轴投影方向模板（图3-21）

将Z轴投影方向的外轮廓模板固定于工作台上，固定时注意模板上的横纵坐标线与工作台面上的横纵坐标线相互对齐。

(3) 确定支架位置（图3-22）

将支架置于Z轴投影方向的外轮廓模板之上，根据内骨架形状确定好支撑位置。

支架位置确定以后用木螺钉直接将支架与工作台面相互连接，木螺钉要拧紧，防止支架松动导致内骨架产生位移。

(4) 内骨架底部挖连接孔（图3-23）

内骨架与支架连接时需要在内骨架上挖出配合孔与支架相结合。

确定孔的位置时应该先将内骨架准确摆放在Z轴投影轮廓线的内部，内骨

图3-14

图3-15

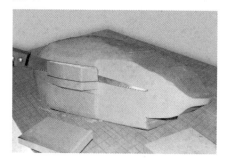

图3-16

图3-17

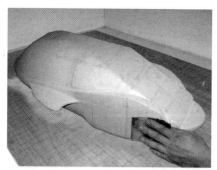

图3-18

图3-19

图3-20

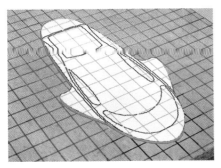 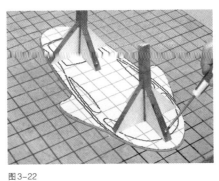 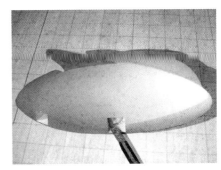

图3-21　　　　　　　　　　　　图3-22　　　　　　　　　　　　图3-23

架的边缘不能超出模板的轮廓边缘，不要发生偏斜现象。

对应支架的位置，在内骨架上面标记孔的位置。

使用镂切工具或锋利的刀具挖出孔洞，孔要具有一定深度。

（5）内骨架与支架连接（图3-24）

在支架头部与孔洞内壁上均匀涂抹一层白乳胶，将支架头套入孔洞，再次检查内骨架的投影位置并将其固定，等待白乳胶凝固以后方可继续工作。

4. 贴附油泥

（1）先将油泥整条放入红外线烘干箱里加热软化，软化温度控制在60℃为宜。

手持已经软化的油泥，取下一小块后用弯曲的食指将油泥按压在内芯表面并快速地挤压拉动，或者用拇指推压油泥进行贴附（图3-25～图3-28）。

由于软化的油泥温度相对比较高，加上快速拉动油泥时手指与油泥相互摩擦会产生更高的热量，因此，要特别注意，以防烫伤手指。

（2）贴附时要有次序地将油泥贴满内芯表面，如图3-29所示。

贴附过程中如果油泥逐渐变硬，要放回红外线烘干箱里重新加热，软化后再继续使用。

（3）当各部位贴附的油泥达到了一定的厚度，分别用X、Y、Z三个投影方向的轮廓模板观察油泥贴附的盈亏情况，如图3-30所示。

如果厚度不够则要继续进行贴附，直至各部位的油泥轮廓边缘略超过各模板轮廓边缘，目的是留出精细加工的余量。

（4）前面说过，带有坐标线的轮廓模板是界定形态变化的重要工具，油贴附泥阶段需要模板，粗刮油泥、精刮油泥更离不开模板来界定轮廓形状。因此，加工过程中应充分利用模板才以确保造型的准确，并逐渐表现出细节部位的形态变化特征。如图3-31所示。

另外，在X、Y、Z三个方向的截面轮廓模板越多，形状界定也越加准确。

5. 粗刮油泥

（1）粗刮阶段的主要任务是完成基本形态的塑造，加工时要随时参看设计图纸，按照形态结构的变化概括地塑造出各个局部的造型形状，如图3-32所示。

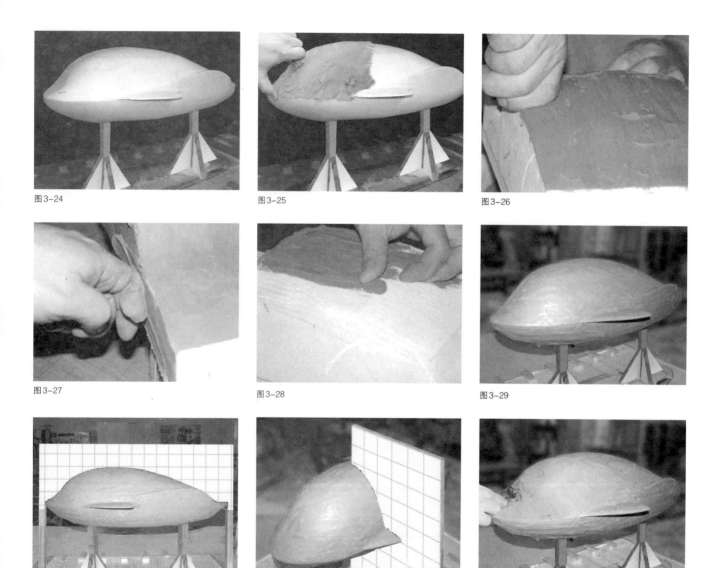

图 3-24　　　　　　　　　　图 3-25　　　　　　　　　　图 3-26

图 3-27　　　　　　　　　　图 3-28　　　　　　　　　　图 3-29

图 3-30　　　　　　　　　　图 3-31　　　　　　　　　　图 3-32

（2）粗刮时首先选用有锯齿形刃口的刮刀将凹凸不平的油泥表面通体粗刮，刮削时要采用正确的操作方法，即下一刀与上一刀的刮削方向呈交叉形状，使用交叉刮削的方法既省时、省力又能使刮削面平顺，如图 3-33 所示。

（3）通体粗刮操作完成以后换用平口的刮刀将粗刮时形成的毛面刮净，如图 3-34 所示。

如果在被刮削面上发现有局部凹陷的地方，及时用软化的油泥填补凹陷部位，继续用平口刮刀将填补的部位刮平。

（4）如果被刮削面比较宽大或有弧面形状，为了使刮削的表面光滑、平顺，可以换用不同曲线边缘的金属刮片进行刮削，如图 3-35 所示。

使用金属刮板刮削油泥表面，动作要流畅，用力要舒缓、均匀，金属刮板与油泥表面要形成一个夹角。刮削时双手轻弯刮片，形成与被刮削面相同的弧度。

厚刮片主要用于刮削油泥，薄刮片在压光油泥表面时经常被使用。

6. 精刮油泥

（1）精刮Z轴投影的最外边缘轮廓形态

1）使用刮刀参照Z轴轮廓模板进行加工，如图3-36所示。

2）加工过程中随时使用直角尺（或称方尺）界定模型边缘轮廓是否与Z轴轮廓模板相重合，如图3-37所示。

注意用直角尺界定边界时不要发生倾斜，防止发生尺寸与形状偏差。

（2）使用X、Y方向投影轮廓模板组合精刮

1）当Z轴方向的最外边缘轮廓精刮成型以后，使用构思胶带在精刮面上先粘贴几条主要的转折结构线，表现相邻面结构主体的转折变化关系，如图3-38所示。

前面介绍过的构思胶带具有两方面作用：

通过胶带贴出的轮廓线形能够直观地表现出形态的变化与结构的转折关系；线形定位以后用胶带的边缘作为界线进行精确加工。

2）沿线形进行精细加工，精细刮削时刮削量要小，吃刀量不可太深。当刃口与胶带边缘接触则表明该部位已经刮削到位，如图3-39所示。

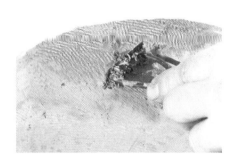
图3-33

图3-34

图3-35

图3-36

图3-37

图3-38

构思胶带比较坚韧，不易被刮刀损坏。但要注意刮削时刮刀应该沿着胶带向内侧进行刮削，如果向胶带的外侧刮削则容易使胶带脱落。

3）继续粘贴，相邻面的细节结构转折面的界线，如果感觉某局部的轮廓线形变化不太理想，可以重新揭开胶带调整轮廓线形，如图3-40所示。

4）在进行细节部位的加工时，可以使用刮刀尖锐的边口对其进行准确加工，如图3-41所示。

注意，在加工过程中应该随时使用该部位的模板，观察其是否与模板轮廓相吻合。

5）参考图纸，使用构思胶带继续将各局部形状界定成型，如图3-42、图3-43所示。

6）在加工凹陷部位时，使用镂空工具沿着构思胶带的边缘进行镂切，加工时用力要轻缓，镂切量要小，不要急于求成，经过多次操作逐渐镂切出凹陷形状，如图3-44所示。

7）凹陷部位的表面可使用薄刮片刮削光滑，如图3-45所示。

8）大小不同、形状不一的角会对整体形态变化产生重要的影响，角的细节处理能够使转折面之间产生不同的衔接效果。加工时应该先按图纸上标注的倒角大小提前做好若干形状的角模板，可以直接使用角模板进行刮削加工，如图3-46所示。

9）精刮操作完成以后，揭下胶带，观察整体刮削效果，如图3-47所示。

如果局部的面、边、角的加工出现微小的偏差，可以使用工具仔细进行调整。

图3-39

图3-40

图3-41

图3-42

图3-43

图3-44

图3-45

图3-46

7. 油泥表面压光

由于在形态的塑造过程中使用刮刀或厚金属刮板加工，表面会留存很多细小的刮痕，因此需要对精刮成型的油泥表面进行压光处理，为油泥表面装饰作好准备。在油泥表面进行贴膜装饰，由于贴膜非常薄，没有经过压光处理的油泥表面在贴膜以后膜面上会反映出刮削的痕迹，影响装饰质量。

压光用的刮板要薄而有弹性，刃口要光滑、顺畅，刮削时双手握稳金属刮板，轻落、轻提，用力要轻而均匀，拉动刮片的过程中间不要产生停顿现象。

刮板与模型表面之间的角度控制在20°~30°时比较适宜压光表面，如图3-48所示。

油泥表面通体压光以后用羊毛板刷细心清扫表面的细小颗粒，为表面处理做好准备。

至此，完成油泥模型制作过程。

3.4 油泥模型表面装饰

在产品模型表面进行装饰处理主要是模拟表现未来产品的外观色彩及肌理效果，通过表面装饰使形与色相结合，给人以更加真实的感受。

3.4.1 涂饰工具与涂饰材料

1. 喷枪、板刷（图3-49）

通过喷枪借助气体压力将涂料喷涂于模型表面。使用羊毛板刷蘸取涂料进行表面刷涂，是手工表面涂饰经常使用的方法。

图3-47

图3-48

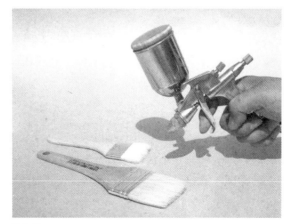

图3-49

2. 原子灰、固化剂（图3-50）

在汽车用原子灰中加入适量固化剂，在一定时间内凝固。
使用配套购买的稀释剂稀释已调和好的原子灰，用喷枪对油泥模型表面进行喷涂。

图3-50

3. 油漆涂料（图3-51）

油漆涂料是装饰模型表面的主要涂饰材料，常用的油漆涂料有醇酸类涂料和硝基类涂料。醇酸类涂料涂饰后干燥缓慢，硝基类涂料涂饰后短时间内即可干燥。两种类型的油漆不能同时混用，否则将导致漆面发生反应，产生起泡、凝结等现象。
油泥模型表面经过原子灰处理，可以使用油漆涂料进行表面涂饰。

图3-51

4. 醇酸稀料、硝基稀料（图3-52）

稀料用于稀释油漆涂料。醇酸稀料用于稀释醇酸类油漆涂料，硝基稀料稀释硝基类油漆涂料。两种稀料不能用错，否则使得油漆涂料产生凝结现象不能使用。
涂饰工具使用后应及时用稀料进行清洗，防止涂料干燥堵塞喷枪。

图3-52

5. 低黏度遮挡纸、水砂纸（图3-53）

模型表面进行分色涂饰时用低黏度遮挡纸粘贴在不被涂饰的地方。
使用水砂纸打磨涂料层。

6. 油泥贴膜、剪刀、喷壶、橡胶刮板（图3-54）

油泥贴膜是装饰油泥模型表面的一种专用塑料薄膜。
剪刀用于裁剪贴膜。
贴膜前需要用喷壶在油泥模型表面喷洒一些清水，然后才能贴膜。
用橡胶刮板轻刮薄膜，将膜下的水分挤出，使得薄膜牢固贴敷于油泥模型表面。

图3-53

3.4.2 油泥模型表面涂饰方法

标准原型制作完成以后，对油泥表面进行装饰处理即可成为展示模型。
油泥模型表面的装饰主要使用两种方法：油漆涂饰；贴膜装饰。下面分别进行讲述。

1. 油泥模型表面油漆涂饰方法

(1) 喷涂原子灰

由于油泥的硬度不是很高，在进行油漆涂饰之前需要在油泥模型表面喷涂一层原子灰用以增加表面硬度。如果直接在油泥表面进行油漆涂饰，不易长期保存。

使用专用稀释剂将原子灰稀释成液态，用喷枪对油泥表面通体喷涂，注意喷涂要薄而均匀，涂层不能太厚，如图3-55所示。

(2) 打磨原子灰面层

等待原子灰涂层完全凝固，用水砂纸蘸水轻轻打磨表面，如图3-56所示。

(3) 除尘

表面打磨光滑以后用干净潮湿的毛巾擦拭油泥模型表面，去除微小的颗粒、灰尘，如图3-57所示。

图3-54

(4) 油漆涂饰

1) 除尘

在喷漆房进行喷漆操作，可以获得很好的表面效果，如果条件不具备，则可以在喷漆周围环境的地面及工作台上提前喷洒一些清水，能有效防止周围的灰尘飘落在涂层表面。

2) 喷涂

喷涂端口与模型之间要有一定的距离，一般控制在20～30cm之间为宜，喷涂过程中匀速移动喷枪或自喷漆，如图3-58所示，要按次序喷涂整个模型表面，涂层要薄而均匀，切忌不要只在一个地方来回喷涂，如果在一个地方反复喷涂极易造成流挂现象。

进行油漆涂饰处理需要多次喷涂才能达到预期效果。注意，如果进行下一

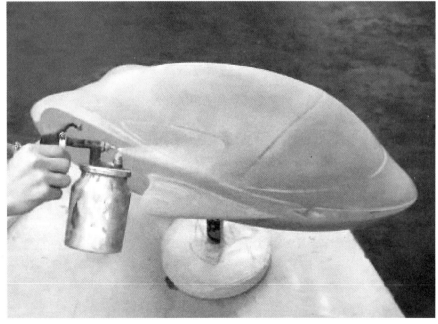

图3-55

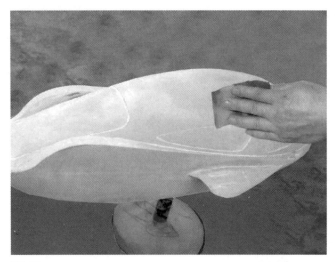
图3-56

图3-57

次的喷涂处理，必须等待上一次漆面完全干燥之后才能继续操作。

每次喷涂前如果发现涂层表面有颗粒，先用水砂纸蘸水轻轻打磨漆面，除去打磨粉尘以后再进行喷涂处理。

3）分色喷涂

如果模型表面需要进行多种颜色的涂饰，应当进行局部遮挡处理，再涂饰其他颜色。

使用遮挡纸（美纹纸）将两色结合的边缘进行粘贴，一定要将分色部位贴实，防止出现缝隙，用废旧纸张遮挡住不需喷涂的部分，如图3-59所示。分色喷涂操作完成以后等待油漆干燥，及时将遮挡纸张清除。

4）透明油漆喷涂

如果模型表面需要进行高亮处理，可以使用透明油漆（光油）在模型表面进行通体喷涂，能够获得非常光亮的效果，如图3-60所示。

（5）表面装饰

如果模型上还需要运用标识、图形及配件进行装饰，要等待涂料完全干燥以后按要求分别粘贴、装配于模型表面，如图3-61所示。

2. 油泥模型表面贴膜装饰方法

使用油泥专用贴膜进行表面处理是较为常用的表面装饰方法。油泥专用贴膜极薄，膜下有一层衬纸衬托薄膜，薄膜具有良好的延展性，附着力比较强。贴膜表面有不同的颜色、肌理效果。市场销售的油泥专用贴膜有黑、白、灰、红、蓝、绿、深茶、镀铬等颜色，还有无色透明的贴膜，可根据色彩设计的要求在无色透明的贴膜上喷涂颜色。

如图11-1所示，为《电池盒》的油泥模型进行表面贴膜装饰，下面介绍贴膜方法与步骤。

（1）除尘

贴膜前用干净潮湿的毛巾擦拭油泥模型表面，清除油泥模型表面的杂质、灰尘，如图3-62所示。

模型上任何极细小颗粒的存在都会造成薄膜凸起，影响表面质量。

（2）贴膜

1）如果模型各局部形态变化比较复杂，整张贴膜的话无法紧密粘贴在整个模型表面，因此需要从某个局部开始按形状变化进行粘贴。

首先仔细分析各局部形态变化，按展开形状，裁剪贴膜，要留出一定余量，如图3-63所示。

注意在整张贴膜上按次序沿同一方向进行剪切，不能随意转动薄膜方向，如果颠倒方向进行裁切，每个局部形状粘贴到油泥模型上可能会产生颜色不均匀的现象。

2）将剪下的贴膜放入水中浸泡，务必将贴膜背面的衬纸泡软，如图3-64所示。

3）用喷壶喷湿贴膜部位，如图3-65所示。贴膜与油泥表面之间的水分使得贴膜非常容易贴合在油泥表面。

4）剥落贴膜背面的衬纸，捏住贴膜的边角覆盖在要贴膜的部位，轻轻将薄膜拉平，如图3-66所示。

5）用干燥的毛巾轻轻下按贴膜，将贴膜下的水分挤出，如图3-67所示。

6）改用橡胶刮板继续从贴膜的中间向四周刮、挤出水分及气体，如图3-68所示。

刮贴薄膜时轻轻用力防止损伤薄膜。第一块贴膜粘贴完成。

7）薄膜在突然转折的部位不易拉平，可以用剪刀在适当的地方剪开若干小口再进行贴附，如图3-69所示。

图3-58

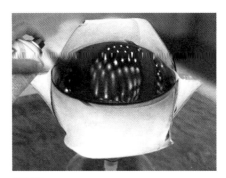

图3-59

图3-60

图3-61

图3-62

图3-63

图3-64

图3-65

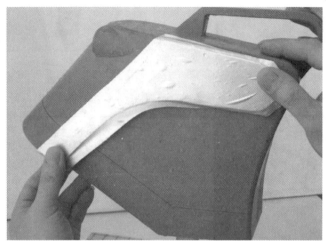

图3-66

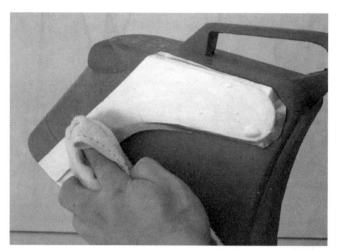

图3-67

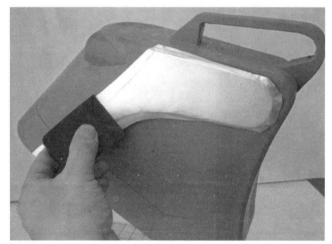

图3-68

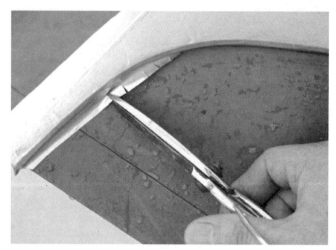

图3-69

8）使用橡胶刮板的尖角将薄膜紧贴于转折部位，如图3-70所示。

9）使用锋利的刀具将多余的部分切割下来，避免在粘贴下一块时产生凹凸不平的现象，如图3-71所示。

10）第一块贴膜贴好以后按次序在相邻部位继续粘贴薄膜。

先将大平面刮平，逐渐向边缘刮，当遇到转折时用刮板将薄膜卡在转折部位，薄膜上会留下转折痕迹，如图3-72所示。

11）使用剪刀沿转折痕迹将多余的部分剪掉，注意留出部分余量，如图3-73所示。

12）继续用橡胶刮板将该块薄膜刮平贴实，如图3-74所示。

13）如果遇到急剧凸起变化的形状部位可逐渐抻拉薄膜以增加薄膜的延展性，使薄膜与形状完全贴合，如图3-75所示。

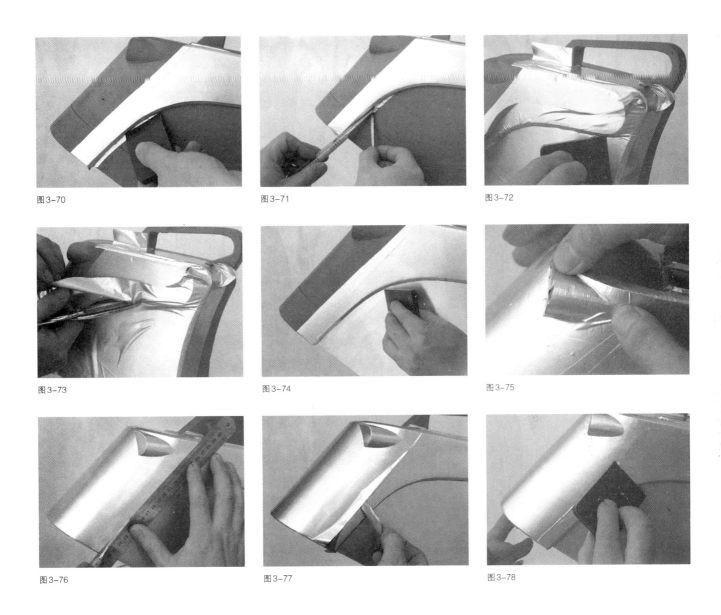

图3-70　图3-71　图3-72
图3-73　图3-74　图3-75
图3-76　图3-77　图3-78

14）粘贴过程中会出现两块贴膜之间的对接问题。为了增强表面的装饰效果，薄膜的对接部位一般处理在结构线或形态的转折部位。

由于每块贴膜在裁剪时都留有一定的余量，两块薄膜在接合处必定重叠在一起，将重叠部位刮平，用非常锋利的刀片在相互重叠的中间位置进行切割，如图3-76所示。

15）轻轻分开两块薄膜，将两侧被切割下的多余薄膜揭下，如图3-77所示。

16）用刮板刮平并仔细对齐两块贴膜之间的接口，如图3-78所示。

17）全部完成表面贴膜以后，使用非常细窄的专用胶带粘贴出表示局部形态结构连接的结合线，如图3-79所示。

18）将配件安装在指定的部位，用提前做好的标识或图形粘贴于薄膜表面，用干燥的毛巾通体擦拭薄膜表面上的水分，完成整个油泥模型表面装饰，如图3-80所示。

图3-79

本章作业

思考题：

1. 油泥材料的成型特性是什么？
2. 叙述油泥模型的加工方法与操作步骤。

实验题：

使用黏土材料制作一个形状变化比较简单的标准原型，通过制作过程体验油泥加工工具的使用方法。

图3-80

第4章 石膏模型制作

4.1 石膏的成型特性

石膏（$CaSO_4·2H_2O$）是一种含水硫酸钙矿物质，呈无色、半透明、板状的结晶体。未经煅烧处理的石膏称为生石膏，石膏经过煅烧失去部分水分或完全失去水分以后形成白色粉状物，称为"半水石膏"或"熟石膏"，用于模型制作的石膏粉是已经脱去水分的无水硫酸钙，如图4-1所示。

石膏粉质地比较细腻，价格便宜，取材方便。石膏粉与水融合发生化学反应凝固成型，在石膏溶液凝之前具有比较好的流动性，可以浇注出各种各样的形状。质量高的石膏粉凝固过程中有热量发生，凝固后石膏硬度适中，强度也比较好。

凝固的石膏加工性能良好，易于修整、打磨，能够满足造型制作的要求，是一种非常理想的模型制作材料，被广泛用于模型制作中。用石膏制作的模型，可长期保存。

石膏适于制作标准原型、交流展示模型。

图4-1

4.2 制作石膏模型的主要设备、工具及辅助材料

1. 度量工具（图2-8）

   用于度量、界定石膏模型各部位的尺寸、形状。

2. 截面轮廓模板（图4-63）

   使用石膏材料制作标准原型时同样需要用截面轮廓模板界定边缘形状。

3. 电动曲线锯（图2-11）

   用于石膏模型制作中对辅助材料进行锯割加工。

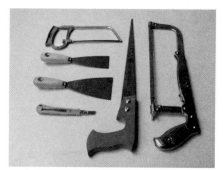

图4-2

4. 手动锯割工具、灰刀（图4-2）

   使用锯割工具可对浇注成型的石膏体进行大体面的切割加工。

   灰刀既可以作为切削刃具又可作为填补、挂抹黏稠石膏溶液的辅助工具。

5. 锉刀、修形刀（图3-6）

   在进行形态的细部加工时使用锉刀、修形刀等工具。

   另外，根据制作需要选用质地比较坚硬的材料自制成各种形状的修形刀，便于特殊部位的加工处理。

图4-3

6. 锉削工具（图2-12）

   用于石膏模型制作中对辅助材料进行锯割加工。

7. 手持电钻（图4-3）

   使用手持电钻可以非常方便地在各种材料上打孔。

8. 泥片机（图2-4）

   石膏模型制作过程中经常需要用黏土辅助完成制作过程。用泥片机可以将泥土擀压成不同薄厚的泥片。

图4-4

9. 回旋体成型机（图4-4）

   在自制的回旋成型机上可以直接获取石膏回旋体原型。

10. 塑胶盆、橡胶手套、小铲（图4-5）

    使用橡胶制品容器调制石膏溶液，便于将剩余凝固的石膏清理干净。

    带上橡胶手套、用小铲收取石膏粉，在调和石膏溶液时可以避免损伤皮肤。

图4-5

11. 型腔材料（图4-6）

    浇注石膏溶液时需要围合成一个型腔。可根据形状需要选用塑料板、木板、硬卡纸、黏土等材料搭建型腔。

    图4-6中搭建的型腔材料为废旧的广告展示板。

12. 热熔枪及胶棒（图4-7）

    通电后热熔枪将胶棒熔化，用于粘接和密封型腔各部位的接口。

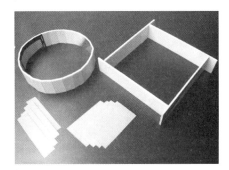

图4-6

13. 脱模剂、毛刷、砂纸（图4-8）

    用石膏或其他翻制原型时需要在原型表面涂抹脱模剂，使用脱模剂容易将两者分离。根据多年的实践经验，选用医用白凡士林作为脱模剂效果比较好。

    毛刷用于涂抹脱模剂。

    砂纸用于打磨干燥后的石膏模型表面。

4.3 石膏模型成型方法

石膏成型的方法比较多，在产品模型制作的过程中主要使用反求成型（复制成型）、旋转成型、雕刻成型等方法进行制作。

图4-7

4.3.1 调和石膏溶液

商店购回的石膏粉要做凝固实验,检验石膏凝固后的强度、硬度是否符合制作要求。

石膏与水发生反应后具有凝固成型的特性,掌握正确的调和方法可以使得凝固的石膏具有高强度、高硬度,对于模型的后续加工制作起着至关重要的作用,且直接影响模型的质量。

图4-8

1. 石膏粉与水的比例

石膏粉与水的配比是体积比,一般情况下为1.5:1。但石膏粉是从不同产地购进的,其本身就存在着差异,因此,经验配比起着相当重要的作用。有时为了增加石膏溶液的流动性,可以适当多加一些水,但是水不能过多,因为水过多石膏溶液不易凝固,即便凝固以后也没有强度和硬度。如果利用石膏制作压模(如压型有机玻璃),石膏粉的用量相对要多一些,或者在石膏溶液中加入适量的氯化钠(食盐),以增加石膏的硬度与强度。

图4-9

2. 石膏粉与水的融合方法

(1)先将适量的清水倒入容器内,将石膏粉均匀、快速地撒入水中,如图4-9所示。

(2)观察石膏粉撒入量,到液面时停止撒入,如图4-10所示。

如果撒入的石膏粉过少,石膏溶液凝固后的强度、硬度不高。撒入过多的石膏粉,石膏溶液的凝固速度加快,溶液流动性变差,不利于浇注。

(3)等待石膏粉被水全部自然浸透以后戴上橡胶手套沿同一旋转方向充分搅拌形成石膏溶液,如图4-11所示。

搅拌后振动塑胶容器使石膏溶液中的气泡上浮至液面。

切记,不要在撒入石膏粉的同时进行搅拌,这样,容易将空气搅入石膏溶液中使凝固的石膏中产生大量的气孔,还容易使凝固后的石膏硬度不均匀,这些都会影响加工质量。

图4-10

4.3.2 反求成型(复制成型)

反求成型也称复制成型,即通过对原型的复制,重新生成与原型外观形态相同但材质不同的新原型。

在手工模型制作过程中经常使用反求成型的方法复制不同材质的新原型。一般

图4-11

情况下,先使用黏土或油泥等易于加工的材料制作出标准原型,再使用石膏、树脂、硅橡胶等材料翻制出原型的负型(模具),然后换用其他材料再通过负型(模具)重新复制出原型的形态。

石膏不但可以直接制作原型,也是制作负型(模具)的良好材料。

如图11-1所示,对《电池盒》的黏土标准原型进行反求,下面将介绍使用石膏材料进行反求成型的方法与步骤。

1. 翻制负型(模具)

负型一般由若干块组合而成,随原型的形状而定,本着宁少勿多且易于开模的原则制作负型。分型部位要设置在易于开启的地方,如圆弧部位的最高点、面的转折部位、对称形状的中心线部位等。

(1)将已经制作好的原型稳固于工作台面。被复制的原型最好采用黏土、油泥等材料制作,这些材料相对比较柔软,翻制过程中不会对石膏负型的内表面产生损害。

由于该模型是一个相对对称的形状,制作两块负型即可。

将分型线的位置确定在中心线位置,用高度画规轻轻勾画出分型线,如图4-12所示。

画出分型线以后,在原型表面上薄而均匀地涂抹一层脱膜剂。

(2)根据分型线高度用泥板机将黏土压平成为一定厚度的泥片。如果没有泥板机,可用手工方法擀平黏土,如图4-13所示。

(3)将泥片切割成具有一定宽度的泥条,如图4-14所示。

图4-12

图4-13

图4-14

（4）将泥条衬垫至分型线位置，用修形刀将泥条与原型相接的部位填平，不要留有缝隙，如图4-15所示。

（5）修平泥条的边缘，用半圆形镂刀在泥条上挖出定位孔，如图4-16所示。每块负型之间需要有准确的定位才能确保以后翻制出的新原型形状不会发生形变。

在原型表面均匀涂抹一层脱模剂。

（6）使用废旧广告展示板作为型腔材料沿泥条边缘围合。型腔高度要高于原型的最高点，高出距离控制在50mm以上，如图4-17所示。

型腔板搭建过程中如果出现弯曲、转折的地方，用美工刀将型腔板的一面割开，弯曲成折线或弧线形状。

（7）热熔枪通电后将胶棒熔化，挤出熔融的胶棒粘牢型腔板于工作台面上，一定封实、封严型腔板与工作台面之间的间隙，防止石膏溶液渗出，如图4-18所示。

使用热熔枪时注意不要被烫伤。

（8）先调制少量石膏溶液进行浇注，浇注时使石膏溶液自然流平，充斥到每个部位，均匀地覆盖在原型表面，如图4-19所示。

（9）继续调和足量的石膏溶液进行浇注，注流要均匀，控制石膏溶液的液面在型腔中均匀上涨，如图4-20所示。

（10）等待石膏溶液凝固成型，并有热量放时去除型腔，如图4-21所示。

（11）将凝固的第一块负型连同原型翻转过来，去掉泥条，用切削刃具将负型的边缘、平台修饰平整，如图4-22所示。

图4-15

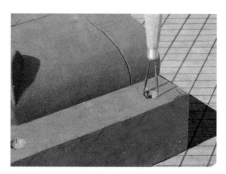

图4-16

图4-17

图4-18

图4-19

图4-20

图4-21

图4-22

（12）用羊毛刷或医用纱布蘸取脱模剂（医用凡士林）在原型表面薄薄地均匀地涂抹一遍，在负型面上要均匀地涂抹多遍，因为第一遍涂抹的脱模剂会渗入石膏内。

涂抹过程中要避免出现拉纹，如图4-23所示。

（13）切割几块长方形泥条粘合在第一块负型上面，作为开启另一块负型的扣手，如图4-24所示。

（14）沿第一块负型的边缘继续搭建型腔，型腔板要紧贴于负型的立面，用热熔胶棒将型腔粘接牢固，如图4-25所示。

（15）继续调和石膏溶液进行浇注。等到石膏凝固成型以后拆除型腔，用刀具将负型边缘倒棱，防止划伤手臂，如图4-26所示。

（16）使用修形刀剔除泥条，露出扣手部位，如图4-27所示。

（17）握住扣手小心扣动负型，使负型之间露出缝隙，如图4-28所示。

如果脱模剂使用的是肥皂液，应在扣动的同时不断注入一些清水，促使负型分开。

（18）相互分开以后的，如图4-29所示。

（19）如果发现负型的内表面有不平整的地方需要用刀具进行修整，修整过程中动作要轻缓，不要划伤其他部位。凸起的地方要将其轻轻刮除，有塌陷或气孔的地方要填平。

使用平口修形刀修刮面的转角部位，如图4-30所示。

（20）使用镂刀刮削修整阴角，如图4-31所示。

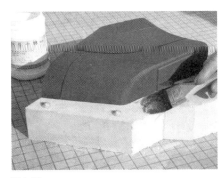

图4-23

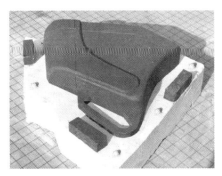

图4-24

图4-25

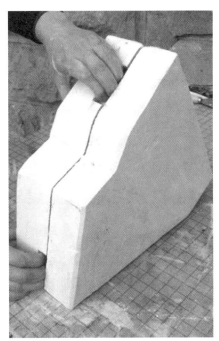

图4-26

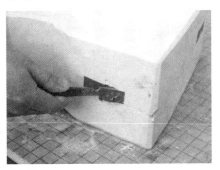

图4-27

图4-28

图4-29

图 4-30

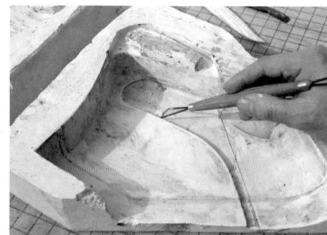

图 4-31

图 4-32

图 4-33

（21）使用宽口的刃具修整大平面，如图 4-32 所示。

（22）如果有塌陷或气孔，使用柔软的毛笔蘸上清水后再蘸取少量干燥的石膏粉快速填补于塌陷或气孔部位，再用干净、湿润的毛笔刷平该部位，如图 4-33 所示。

（23）负型内表面修整以后用清水清洗表面，如图 4-34 所示。

（24）修整以后按顺序将每块负型合模，用有弹性的橡皮绳紧紧将负型模具缠绕在一起，放置于平整的地方以备翻制其他材料的原型，如图 4-35 所示。

2. 反求成型

通过负型模具,换用树脂、石膏等材料翻制成该种材料的原型。下面以石膏材料为例,使用反求成型的方法复制原型。

(1) 用毛刷在负型模具内表面均匀地涂抹脱模剂,第一遍涂抹的脱模剂会很快渗入石膏内部,经过多遍涂抹以后才能在石膏表面形成一层隔离层,可有效防止与其他材料粘连,如图4-36所示。

(2) 负型模具的内表面越光滑,翻制出的原型表面也就越光滑。用毛刷涂抹脱模剂以后会产生拉纹,最后一遍用棉纱或软布仔细擦拭负型模具的内表面,去掉拉纹,如图4-37所示。

图4-34

图4-35

图4-36

图4-37

(3) 合模、绑紧负型。将浇注口调至水平状态，在合模线部位用黏土封严，防止石膏溶液从缝隙中流出，如图4-38所示。

(4) 严格按照石膏溶液的调和步骤进行调和，将调和好的石膏溶液注入负型模具中，如图4-39所示。

注满至浇注口后轻轻晃动模具，让石膏溶液中的空气溢出表面。

(5) 等待石膏凝固后用灰刀将浇注口刮平，如图4-40所示。

(6) 待浇注的石膏发热后依次开启模具。如果模具不易打开，不可强行拔开，可用灰刀逐渐插入模具的缝隙之间轻轻撬动，如图4-41所示。

(7) 握住扣手慢慢用力，逐渐松开模具，如图4-42所示。

(8) 模具的一侧脱离后，用橡胶榔头轻轻敲击另一侧模具即可慢慢松动。

为保证被翻制的原型不受损坏，可以将负型打碎取出原型，如图4-43所示。

(9) 取出复制的石膏原型，用刀具将合模位置凸起的石膏铲除，如图4-44所示。

(10) 将原型放置于通风的地方，等到原型完全干燥以后用粒度比较细小的砂纸通体精细打磨表面，如图4-45所示。

打磨时在砂纸的背面衬垫一块平直的小木板，容易打磨平整、光滑。

(11) 各局部形态相互结合的位置线、合模线如果在翻制过程中没有表现出来，可以使用锯条有齿的一面轻轻勾画出线形，如图4-46所示。

图4-38

图4-39

图4-40

图4-41

图4-42

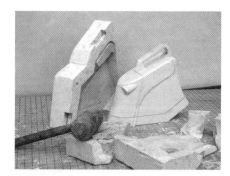

图4-43

图4-44

图4-45

(12）使用干燥的毛刷清除表面及凹槽中的石膏粉尘，如图4-47所示。

(13）再用潮而不湿的毛巾通体擦拭原型，全部去除粉尘，以备表面装饰。

至此，黏土原型被反求复制成为石膏原型。如图4-48所示。

4.3.3 旋转成型

绕同一旋转轴生成的形体称为旋转成型。对于旋转体模型的制作，可以用石膏材料直接使用旋转成型的方法加工而成。

1. 负型模板制作与安装

（1）制作模板的材料可以是硬塑料板或金属板（该模板材料为塑料板），板材厚度控制在2～3mm。在板上画出回转体的轮廓边缘，如图4-49所示。

（2）用电钻在线形转折部位打出通孔。如进行锯割加工时锯条在此部位可方便转动，如图4-50所示。

（3）使用曲线锯沿画出的轮廓将负型模板切割成型，如图4-51所示。

（4）用锉刀沿轮廓边缘锉削，将边缘锉削成刃口，如图4-52所示。

（5）制作一块与负型模板边缘形状相似的木质衬板衬垫于模板下面。衬板要有一定厚度，目的是防止负型模板在刮削石膏时发生振颤，影响加工质量，如图4-53所示。

（6）将制作好的木质衬板固定于箱体的一侧，如图4-54所示。

（7）安装负型模板时注意模板的上平面要与摇柄的轴线等高，用螺钉将负型模板固定于衬板之上，如图4-55所示。

2. 缠绕防滑麻绳

在摇柄上缠绕细麻绳，使石膏挂在麻绳上。如图4-56所示。

麻绳缠绕直径要小于回转体直径，短于回转体轴向长度，结束缠绕后系紧麻绳，防止在摇柄上打滑。

3. 旋转成型

（1）先少量调制一些比较黏稠的石膏溶液，转动摇柄用灰铲将石膏溶液挂到麻绳上，如图4-57所示。

（2）等待上次的石膏凝固。继续适量调和比较黏稠的石膏溶液，一边转动摇柄一边挂抹石膏溶液，逐渐增加体量，如图4-58所示。

（3）当石膏与模板发生接触时要向模板一侧转动摇柄，开始逐渐刮削成型，如图4-59所示。

图4-46

图4-47

图4-48

图4-49

图 4-50

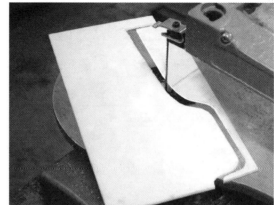

图 4-51

图 4-52

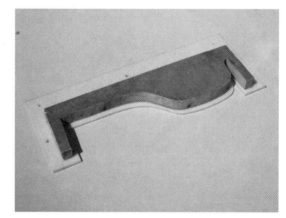

图 4-53

图 4-54

图 4-55

图 4-56

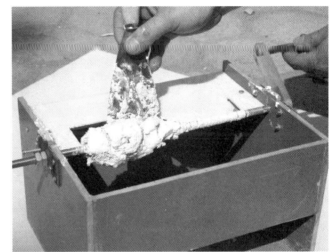

图 4-57

图 4-58

图 4-59

（4）为获取光滑的表面质量，最后要调和少量低浓度的石膏溶液，浇注同时均匀转动摇柄，直到获得完整的形状，如图 4-60 所示。

4. 落件

（1）拆卸下模板，如图 4-61 所示。

（2）将旋转成型的回转体连同摇柄一起取下。轻轻拧动摇柄，将成型的回转体从摇柄上卸下，如图 4-62 所示。调制少量石膏溶液填补、找平回转体两端的孔洞。

将制作完成的回转体放置在平整、通风的地方等待自然干燥。干燥后使用砂纸通体打磨表面，以备进行表面装饰处理。

4.3.4 雕刻成型

雕刻成型是指直接在凝固的石膏块上进行加工，获取外观形状。

下面以如图11-4所示的《投影仪》为例，介绍石膏模型的雕刻成型方法与步骤。

1. 制作截面轮廓模板

选择可继续深入设计的构思草模型作为参照，进行二维图纸设计，分别绘制出X、Y、Z轴三个方向的正投影视图。根据正投影视图制作截面轮廓模板，如图4-63所示。

2. 浇注石膏体

以正投影视图的边缘尺寸为参照，浇注石膏体，如图4-64所示。

石膏溶液凝固成型以后打开型腔，刮掉飞边以防止划伤手臂。

3. 基本形状塑造

（1）首先加工Z轴投影的外边缘轮廓形状。使用Z轴模板勾画外轮廓线，如图4-65所示。

（2）使用切割工具沿着轮廓线的外沿切割掉多余的部分，如图4-66所示。

切割过程中如在切割缝隙之间注入一些水，可以有效减小切割的阻力。

（3）使用锯条带齿的一面进行刮削，

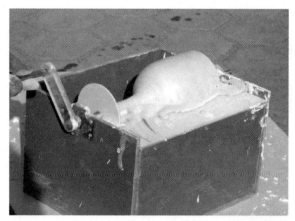

图4-60

图4-61

图4-62

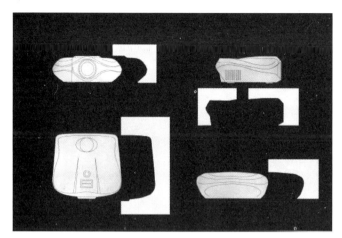

图 4-63

图 4-64

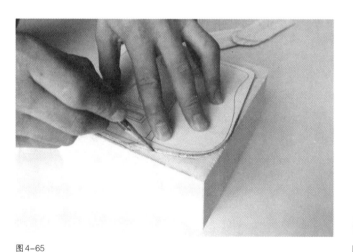

图 4-65

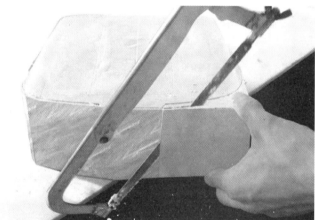

图 4-66

使用交叉刮削方法逐渐刮削至轮廓边缘，如图 4-67 所示。

换用平口刮刀或锯条无齿的一面刮平刮削痕迹。

注意凝固的石膏在没有脱去水分的时候比较容易加工。

（4）继续使用其他投影方向的轮廓模板勾画出内、外边缘轮廓线形，如图 4-68 所示。

（5）根据内、外边缘轮廓线形通体粗刮基本形状，如图 4-69 所示。

在加工某一投影方向轮廓形状时其他面上的轮廓线形可能被挂掉，可参看该模板上的轮廓线形重新绘制，确保形状的准确性。

（6）如加工落台、凹陷等形状，使用刻刀、镂刀等工具进行加工比较方便，如图 4-70 所示。

（7）通体粗刮完成以后换用平口刮刀或锯条无齿的一面刮平刮削痕迹，如图 4-71 所示。

图 4-67

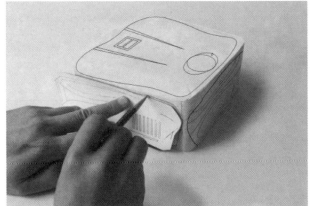

图 4-68

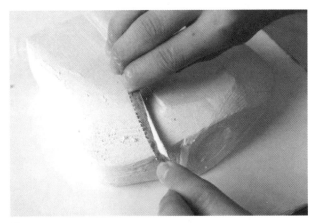

图 4-69

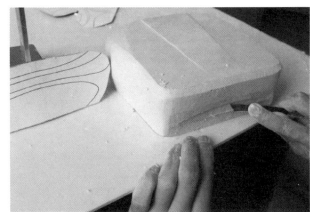

图 4-70

图 4-71

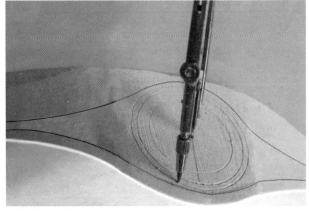

图 4-72

4. 细节形状塑造

（1）估用画线工具精确画出局部形状的边缘界线，如图4-72所示。

（2）使用刻刀、镂刀、画规等精雕工具逐渐将细部形状加工进行成型。如图4-73～图4-76所示。加工过程中应随时借助度量工具及轮廓模板检验加工部位。

（3）精细塑造完成以后等待石膏干燥，用砂纸精细打磨，除去石膏粉尘，以备表面装饰，如图4-77所示。

4.4 石膏模型表面涂饰

石膏模型表面主要使用油漆涂料进行装饰，通过涂饰达到外观色彩表现要求。用油漆涂料涂饰模型表面主要采用手工刷涂及气体喷涂等方法完成。

油漆涂料涂饰中的注意事项：

1. 涂饰前观察涂料的稀稠程度是否适于加工操作，发现油漆涂料比较黏稠要及时选用同类型的稀料进行稀释。

2. 每一次的刷涂或喷涂层要薄厚均匀，刷涂中运笔要流畅、喷涂中喷枪移动速度要均匀，刷涂或喷涂要避免产生流挂现象。

3. 务必使上一次的涂层完全干燥以后才能进行下一次的涂饰。因为表面涂层要经过若干次涂刷才能达到预想效果。

4.4.1 涂饰工具与涂饰材料

1. 喷枪、板刷（图3-49）：使用喷枪、板刷等涂饰工具对模型表面进行涂饰处理。

2. 各色罐装油漆、自喷漆（图3-51）：使用油漆涂料对模型表面进行表面涂饰。

3. 醇酸稀料、硝基稀料（图3-52）：稀料用于稀释油漆涂料。

4. 工业酒精、漆片（图4-78）：使用工业酒精溶解漆片可调制成漆片溶液。将漆片揉碎，用工业酒精浸泡漆片，通过长时间浸泡使得漆片与酒精完全融合，使用前务必将漆片溶液搅拌均匀。

在石膏模型表面均匀涂刷漆片溶液，可以有效地防止油漆涂料直接渗入石膏内部，形成涂料与石膏之间的隔离层。

5. 低黏度遮挡纸、水砂纸（图3-53）：模型表面进行分色涂饰时用于遮挡不被涂饰的地方。使用水砂纸打磨涂料层。

图4-73

图4-74

图4-75

图4-76

图 4-77

图 4-78

图 4-79

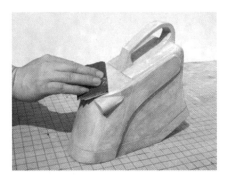
图 4-80

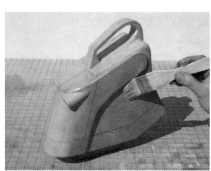
图 4-81

图 4-82

4.4.2 石膏模型表面涂饰方法

用石膏材料制成的模型其表面可以进行涂饰处理,下面主要介绍如何使用油漆涂料进行涂饰的方法与步骤。

如图 11-1 所示,以《电池盒》的石膏原型为例,下面介绍石膏模型的表面装饰方法与步骤。

1. 涂刷漆片溶液

(1) 使用羊毛板刷蘸取漆片溶液沿一定方向、按次序均匀刷涂,如图 4-79 所示。第一遍干燥以后才能进行第二次涂刷,涂刷的方向与上一次呈十字交叉以增强覆盖力。

注意漆片溶液的浓度不能太高,否则容易产生流挂现象。

(2) 涂层干燥以后如果表面有颗粒或流挂现象,用高目数的水砂纸轻轻打磨平整,如图 4-80 所示。

用潮湿的毛巾擦净粉尘,准备下一次刷涂。

(3) 经过多次涂刷可在模型表面形成一层隔离层,目的是防止油漆涂料直接与石膏表面接触。如果直接使用油漆涂料涂刷于石膏表面,虽经过多次刷涂也不容易获得光滑的表面。

最后一次涂刷要稀薄、均匀,如图 4-81 所示。等待干燥以后换用油漆涂料进行表面涂饰。

2. 涂饰油漆涂料

（1）刷涂涂饰

1）如果使用羊毛板刷涂刷油漆涂料，刷涂方法是每次要蘸取少量油漆涂料先沿一个方向有序地点按板刷使涂料均匀分布于涂刷部位，如图4-82所示。

2）再沿点按方向来回匀速拖动板刷将涂料刷平，如图4-83所示。

图4-83

3）马上改变板刷的涂刷方向，用板刷轻轻平扫一遍涂刷层，带平刷涂痕迹，如图4-84所示。

此涂刷方法称为"横刷竖带"，很容易将涂料刷平。

4）按顺序逐渐将涂料薄而均匀地涂满整个模型表面，如图4-85所示。

根据涂层表面质量确定是否进行下一次涂饰，如继续进行涂刷需等待涂料完全干燥，然后用水砂纸蘸水均匀打磨涂料层并除去粉尘，再进行下一次涂刷，注意每一遍涂刷要薄而均匀。

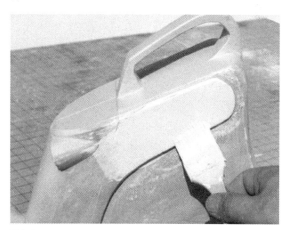

图4-84

（2）喷涂涂饰

1）如果使用喷涂方法进行表面涂饰应该注意：喷枪与模型之间的距离不能太近；喷涂过程中要匀速移动，按次序喷涂整个模型表面，喷涂不均匀的地方可以通过下一次喷涂过程逐渐覆盖，切忌不要只在一个地方来回喷涂，如果在一个地方反复喷涂极容易造成流挂现象，如图4-86所示。

注意：使用自喷漆喷涂之前，要用力摇动自喷漆瓶。

2）每次喷涂之前要等待涂层干燥，用水砂纸打磨并除尘，经过多次喷涂可获取理想的涂饰效果，如图4-87所示。

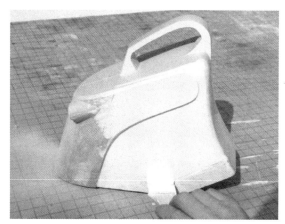

图4-85

3）如果在模型表面需要涂饰两种以上颜色，用低黏度遮挡纸在颜色变换的部位粘贴出轮廓形状，其他地方用废旧纸张、塑料薄膜等包裹严密再进行涂饰，如图4-88所示。

涂料层完全干透后再揭下遮挡纸。

3. 表面装饰

如果模型上有文字、图形之类的装饰，在有背胶的打印纸上打印出文字或图形，将裁切下来的文字或图形按位置粘贴于模型表面上，如图4-89所示。

无论使用刷涂或喷涂的方法，为提高模型表面的光亮度，最后可在整个模型表面薄薄地涂饰一层透明清漆。

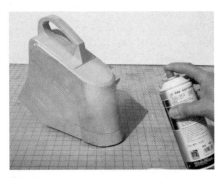

图4-86

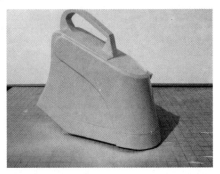

图4-87

图4-88

图4-89

本章作业

思考题：

1. 石膏材料的成型特性是什么？
2. 叙述石膏模型的加工方法与操作步骤。

实验题：

1. 按照正确的步骤调和石膏溶液，浇注一个正方形石膏体。
2. 使用"雕刻成型"方法制作一个石膏标准原型。

第5章 硅橡胶模具制作

根据设计表达的要求有时需要多个原型，例如当需要分析、比较同一产品的不同表面效果时，一个原型显然满足不了表现要求，如果重新制作会花费许多精力，解决问题的方法是制作一套可多次翻制原型的模具，通过该模具使用反求成型的方法可以复制出多个原型以备设计使用。并且，根据设计阶段的要求不同，同一个原型可能使用不同材料进行表现，此时需要对原型进行复制，使用硅橡胶制作模具进行反求复制是一种非常理想的方法。

在石膏模型制作中讲述了如何使用石膏材料制作负型模具，以及通过负型模具反求原型的方法，由于受石膏材料自身特性的限制，石膏负型的制作过程比较复杂，反求原型过程中比较容易损坏石膏模具，如果使用硅橡胶材料制作模具则能够避免石膏模具的缺陷，简化模具的制作过程，高质量地翻制出多个原型。

本章讲解使用双组分室温硫化硅橡胶材料制作模具的方法与步骤。

5.1 硅橡胶的成型特性

硅橡胶是兼具无机和有机性质的高分子弹性材料，呈液态无色透明黏稠状，掺入填料后变为不透明。市场销售的硅橡胶种类较多，手工制作硅橡胶模具多以双组分室温硫化硅橡胶为原料，如图5-1所示。

双组分室温硫化硅橡胶加入固化剂后在室温下经过一段时间自然凝固成型，液体硅橡胶凝固前具有良好的流动性，利用这一特性可用"浇注成型"或"涂刷成型"等方法制作模具。

硅橡胶凝固以后具有良好的弹性与柔韧性，可以任意弯曲，失去外力作用后能够恢复原状；耐高温、低温，性能良好，可承受很大的温差而不发生形变；耐酸碱性强，对于大多数的酸性或碱性物质有着极好的耐受能力；凝固后的硅橡胶表面还具有良好的不粘性和憎水性；硅橡胶精确复制原型的能力很强，原型表面上各种痕迹都可以清晰地反映出来，可以长时间、反复使用。综合上述优点，硅橡胶是一种非常理想的手工制作模具的材料。

使用双组分室温硫化硅橡胶制作的模具，成本比较高。套装购买的硅橡胶（含固化剂，固化剂为无色透明液体）应尽量一次性使用完毕，如需保存应注意密闭放置在阴凉干燥处。

5.2 制作硅橡胶模具的主要设备、工具及辅助材料

1. 台秤、塑胶容器（图5-2）

将硅橡胶放入塑胶容器，使用台秤准确称重硅橡胶重量。

2. 天平（图5-3）

液体硅橡胶加入固化剂以后才能固化成型，硅橡胶与固化剂的混合有着严格的比例要求，两者是重量比，天平用于称量固化剂重量。

由于市场销售的硅橡胶品种较多，每种胶中的固化剂投放量也各不相同，在套装购买硅橡胶时应注意按使用说明投放固化剂用量。

3. 抽真空设备（图5-4）

使用固化剂调和液体硅橡胶的过程中会产生许多气泡，抽真空设备可以使液体硅橡胶中的气体溢出。硅橡胶中若留存气泡会

影响后期模具的表面质量。

4. 剪刀、鬃刷、刮刀、绷带（图5-5）

使用"涂刷成型"的方法制作硅橡胶模具，要经过多层涂刷才能达到预定厚度，使用鬃刷及刮刀便于涂刷和刮平每一层橡胶。

"涂刷成型"的硅橡胶模具需加入若干层网状织物以增强抗撕裂强度。使用医用绷带作为加强网，既平整又便于粘贴。

5. 硅油

用于稀释液体硅橡胶。硅橡胶稀释以后流动性较好。硅油在化工商店有售。

6. 丙酮溶液（图5-6）

丙酮溶液可以溶解液体硅橡胶。用于清洗、清洁粘在其他物品上的硅橡胶液体。

7. 型腔板（图4-6）

制作硅橡胶模具需要围合型腔。可使用塑料板、木板、广告展示板甚至黏土等材料围合成型腔。

8. 热熔枪及胶棒（图4-7）

使用热熔枪及胶棒将被复制的原型粘合固定在工作台面上。也可使用比较厚的双面胶进行粘合。

9. 脱模剂（图4-8）

制作硅橡胶模具之前要在原型表面涂抹脱模剂，容易使硅橡胶模具从原型上分离。

10. 彩色水笔

在硅橡胶模具上标记开模线的位置。

11. 美工刀

使用美工刀对硅橡胶模具进行分型处理。

5.3 硅橡胶模具成型方法

手工制作硅橡胶模具一般采用的制成方法有两种："浇注成型"和"涂刷成型"。

图5-1

图5-2

图5-3

图5-4

5.3.1 双组分室温硫化硅橡胶的调和方法

双组分室温硫化硅橡胶中加入一定量的固化剂后经过均匀搅拌在室温下凝固成型,相同室温条件下固化剂投放量的多少决定了液体硅橡胶凝固的时间,但是不能一味追求快速凝固,如果固化剂投放过多会影响胶体质量,容易使胶体变脆导致模具抗撕裂强度降低、使用寿命缩短。应该按套装购买的使用说明准确投放固化剂用量,通过正常比例调和成的硅橡胶凝固成型后可以使用千次以上。

图5-5

1. 调和硅橡胶溶液

(1)将液体硅橡胶倒入塑胶容器,称重计算出硅橡胶的实际用量,如图5-7所示。

(2)硅橡胶与固化剂的比例是重量比,经过重量比例换算,在天平上严格称量固化剂的实际使用量,如图5-8所示。

(3)将固化剂倒入液体硅橡胶中,使用刮刀沿同一旋转方向搅动硅橡胶,如图5-9所示。

务必使固化剂与硅橡胶充分混合,否则胶体中将产生局部不凝固现象,导致模具无法使用。

图5-6

2. 消泡

在搅拌硅橡胶的过程中会有大量气泡混入其中,搅拌后需要将胶液中的气泡清除,否则将影响硅橡胶模具内表面质量。

将搅拌后的硅橡胶放入真空箱负压抽出胶液中混入的空气。如果不具备抽真空设备,可连续振动塑胶容器促使胶液中的气泡上浮至液面,将浮在液面上的气泡及时清除,如图5-10所示。

图5-7

5.3.2 浇注成型

浇注成型是指在原型与围合的型腔之间灌注液体硅橡胶,硅橡胶凝固成型后形成的模具。

如图11-5所示的《音箱》设计,下面将以音箱为原型,介绍硅橡胶模具浇注成型的制作方法与步骤。

形状复杂且有一定高度的原型适于使用浇注成型的方法制作模具。浇注成型的硅橡胶用量较大,制作成本高,但模具的使用寿命较长。

图5-8

1. 固定原型

将提前制作好的原型稳固于工作台面，可用厚双面胶将原型底部与工作台粘合，如图5-11所示。

2. 搭建型腔

根据原型外轮廓的形状选用适合的型腔材料搭建型腔，如图5-12所示。一定要将型腔板之间的缝隙封严，否则液体硅橡胶会慢慢渗出。

该型腔材料使用的是废旧的广告展示板。

3. 灌注硅橡胶

将调和固化剂的液体硅橡胶缓缓注入型腔之中，如图5-13所示。

浇注时硅橡胶的浇注流要细小，注意始终保持在同一个地方进行浇注，控制型腔内的液面缓缓上涨，使得胶液浸入原型的每一个部位，当液面超过原型顶端至一定高度时停止灌注。

4. 修整硅橡胶模具外表面

浇注成型的硅橡胶凝固时间一般控制在12小时以上为宜。

确认胶体凝固成型后打开型腔，修剪胶体边缘的飞边、毛刺，如图5-14所示。

图5-9

图5-10

图5-11

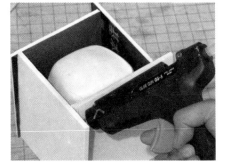

图5-12

图5-13

图5-14

5. 分模

浇注成型的硅橡胶模具是一个完整体，为便于硅橡胶模具与原型相互分离需要进行分型处理。开模分型时要合理定位分型线（模线）的位置，可以参考下述条件定位分型线的位置：

（1）定位在原型的结构转折位置。

（2）定位在不影响原型主要外观的位置。

（3）定位在硅橡胶模具比较厚的位置。

上述条件作为参考，具体情况还要视原型的形状进行综合分析，选择正确的开模位置。

（4）用水笔在分型部位画出分型线，如图5-15所示。

（5）使用刃口非常锋利的美工刀沿分型线切割，切割深度至原型表面，如图5-16所示。

6. 制作石膏依托

硅橡胶模具分型以后要对应分型部位制作石膏依托，因为硅橡胶模具从原型上取下后便形成中空，已经分型的硅橡胶模具在没有外部依托的情况下重新合模可能会产生位移或变形等现象，石膏依托可以起到定位硅橡胶模具的作用，能够有效防止位移或变形等问题的发生。

（1）使用硬卡纸或其他材质的薄片材插入分型线的缝隙中，如图5-17所示。

图中使用的透明PVC塑料薄片。

（2）在硅橡胶模具外表面及插片上均匀涂抹一层脱模剂，如图5-18所示。

（3）局部围合成型腔，使用热熔枪熔化胶棒粘接、封严型腔边缘，如图5-19所示。

图5-15

图5-16

图5-17

图5-18

图5-19

图5-20

图5-21

（4）调和石膏溶液，浇注到型腔，石膏凝固成型后拆除型腔，拔出插片，如图5-20所示。

（5）在石膏依托的分型面上挖出若干个定位点。

将脱模剂均匀地涂抹在石膏依托的分型面上，防止制作相邻石膏依托时互相粘合，如图5-21所示。

（6）用黏土制作几个开启石膏依托的扣手，将泥条固定摆放在方便开启的部位。

继续搭建型腔，调和石膏溶液灌注到型腔之中，石膏凝固后打开型腔，挖出黏土扣手，如图5-22所示。

（7）扳住扣手轻轻晃动石膏依托，逐渐将石膏依托从硅橡胶的模具上拆开，如图5-23所示。

（8）慢慢将硅橡胶模具从原型上分块取下，如图5-24所示。

（9）清洁硅橡胶模具及石膏依托，用洗涤剂清洗硅橡胶模具内表面，检查并清除石膏依托内表面的残留石膏渣，防止合模后闭合不紧密，如图5-25所示。

（10）将分块的硅橡胶模具套在石膏依托内部重新合模，用绳子将石膏依托捆绑牢固，如图5-26所示。将模具放于阴凉、干燥的地方以备翻制多个其他材料的原型。

5.3.3 涂刷成型

刷涂成型是指在原型表面上经过多次涂刷液体硅橡胶逐渐形成模具。

形状简单、比较低矮的原型适合于使用涂刷成型的方法制作模具。表面刷涂成型硅橡胶的使用量比较小，模具的使用寿命比较短。

如图11-6所示的《水具》设计，以水具为原型，介绍硅橡胶模具涂刷成型的制作方法与步骤。

1. 表面刷涂

将制作好的原型稳固于工作台面。调和适量的硅橡胶溶液，使用鬃刷蘸取硅橡胶均匀地涂刷于原型表面，如图5-27所示。已调和好的硅橡胶溶液要一次性使用完毕，剩余的硅橡胶凝固后则不能继续使用。

2. 粘贴绷带

（1）粘贴绷带之前要等待第一次涂刷的硅橡胶表面凝固（表干）。继续调和适量的硅橡胶溶液，用刮刀挑取少量硅橡胶进行局部刮抹，然后轻轻将裁剪好的小块绷带粘贴在挂胶部位，再用刮刀从绷带中心位置向四周刮平，如图5-28所示。

（2）继续用刮刀挑取少量硅橡胶挂抹相邻的部位并按顺序粘贴绷带，绷带之间的边缘要相互搭接在一起，按此步骤逐渐将绷带贴满整个表面，如图5-29所示。

图5-22

图5-23

图5-24

图5-25

图5-26

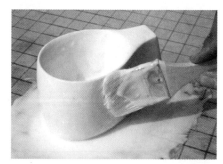
图5-27

图5-28

图5-29

（3）粘贴过程中如果发现绷带在转折或凹陷部位没有被贴实，应及时用刮刀慢慢将绷带填实、粘牢于转折处或凹陷部位，如图5-30所示。

（4）绷带上部贴满原型表面以后为一得胶皮衣下。为增加模具厚度，可继续粘贴绷带，粘贴方法与第一遍相同，通过粘贴多层绷带，逐渐将模具的厚度控制在3～5mm左右即可。

为了使模具外表面较为光滑，最后再刮一遍硅橡胶溶液，但不要粘贴绷带，如图5-31所示。

3. 修整硅橡胶模具外表面

（1）等待硅橡胶完全凝固，观察胶体表面，如有突起的胶疙瘩或绷带翘起的部位使用刀具切除，如图5-32所示。

（2）将模具的边缘用美工刀裁切整齐，如图5-33所示。

4. 制作石膏依托

涂刷成型的硅橡胶模具同样需要石膏依托以防止模具变形。

（1）分析硅橡胶模具外轮廓形状，确定石膏依托是否进行分型处理，该模具的石膏依托需要分型制作，首先搭建一个侧面型腔，如图5-34所示。

制作形状变化比较复杂的石膏依托时可用黏土搭建型腔，使用黏土搭建型腔比较方便、灵活、快捷。

（2）调和石膏溶液浇注到型腔之中，等待石膏固化成型后拆除黏土型腔，如图5-35所示。

图5-30

图5-31

图5-32

图5-33　　　　　　　　　　　　　图5-34

图5-35

(3) 在石膏依托的侧面及模具表面涂抹脱模剂，如图5-36所示。

(4) 继续用黏土搭建另一侧面型腔，灌注石膏溶液，如图5-37所示。

石膏凝固以后拆除另一侧黏土型腔，使用灰刀刮平两个侧面石膏依托的顶部。

(5) 在顶部涂抹脱模剂，继续用黏土搭建顶部的型腔，灌注石膏溶液，如图5-38所示。

(6) 石膏溶液凝固后拆下黏土型腔，打开顶部的石膏依托，如图5-39所示。

(7) 分别打开两侧的石膏依托，如图5-40所示。

5. 分模

(1) 由于制作的模具是一个完整体，可能有的地方不容易脱离原型，需要局部割开模具，便于模具从原型上分离。可以参看

图5-36

图5-37

图5-38

图5-39

"浇注成型"中的分型线位置进行操作，如图5-41所示。

（2）切割分型以后从原型上轻缓地揭下硅橡胶模具，操作过程中避免强行撕扯，防止损伤模具。如图5-42所示。

（3）清洗模具内表面，清除石膏依托中的石膏残渣，将硅橡胶模具衬套于石膏依托内部，对齐开模部位的缝隙，使用橡胶绳将石膏依托捆绑牢固准备翻制其他材料的原型，如图5-43所示。

5.4 通过硅橡胶模具反求成型

由于硅橡胶模具有柔韧性、弹性、耐酸碱性及耐高低温性，非常优良，因此，可以使用石膏、树脂，甚至低熔点合金等材料反求复制出许多形状相同但材质不同的原型。

使用硅橡胶模具反求复制原型的常用方法有两种：浇注成型和裱糊成型。

1. 浇注成型

使用石膏材料，以浇注成型的方法复制多个原型。

（1）调和适量石膏溶液直接注入硅橡胶模具，如图5-44所示。

（2）等待石膏凝固以后打开石膏依托，揭开硅橡胶模具，取出用石膏材料复制的原型，如图5-45所示。

（3）重新合模后继续灌注石膏溶液，按设计表现要求可以复制出若干个相同的石膏原型，如图5-46所示。

复制的原型干燥以后用砂纸打磨表面以备调整设计时使用。

图5-40

图5-41

图5-42

图5-43

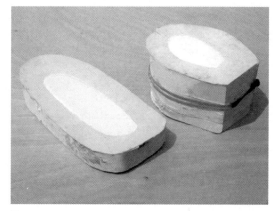

图5-44

图5-45

图5-46

2. 裱糊成型

利用硅橡胶模具，通过裱糊成型的方法同样能够反求复制多个原型。手工裱糊成型的方法参见7.3玻璃钢模型成型方法。

本章作业

思考题：
1. 硅橡胶材料的成型特性是什么？
2. 叙述硅橡胶模具的加工方法与操作步骤。

实验题：
1. 将定量的硅橡胶分别放入三个小塑胶容器中，在同一时间内将不等量的固化剂分别放入容器中搅拌均匀，观察硅橡胶溶液的正常凝固时间。
2. 用第4章作业中制作的石膏模型作为标准原型，使用硅橡胶材料用"浇注成型"的方法制作硅橡胶模具。

第6章 塑料模型制作

构成塑料的原料是合成树脂和助剂（助剂又称添加剂）。

合成树脂种类繁多，如果按照合成树脂是否具有可重复加工性能对其进行分类，可将合成树脂分为热塑性树脂和热固性树脂两大类。热塑性树脂，如聚乙烯树脂、聚丙烯树脂、聚氯乙烯树脂等在加工成型过程中一般只发生熔融、溶解、塑化、凝固等物理变化，可以多次加工或回收，具有可重复加工性能。热固性树脂，如不饱和聚酯树脂、环氧树脂或酚醛树脂等在热或固化剂等作用下发生交联而变成不溶、不熔，无法进行再回收与利用，丧失了可重复加工性。

助剂主要包括稳定剂、润滑剂、着色剂、增塑剂、填料等。根据不同用途而加入的防静电剂、防霉剂、紫外线吸收剂、发泡剂、玻璃纤维等，能使塑料具有特殊的使用性能。

图6-1

由于树脂有热塑性和热固性之分，加入添加剂后分别称为热塑性塑料和热固性塑料。利用塑料的加工特性合理选用热塑性塑料和热固性塑料，均可作为产品模型制作的材料。

本章将介绍使用热塑性塑料制作模型的方法与步骤。

6.1 热塑性塑料的成型特性

模型制作所使用的热塑性塑料是半成品制品，主要有板材、管材、棒料等，市场均有销售，如图6-1所示。

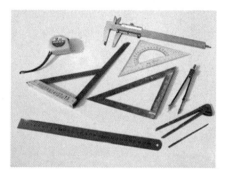

图6-2

热塑性塑料的半成品材料具有较好的弹性、韧性，强度也比较高，其质地细腻、表面光滑、色泽鲜艳，常见的有无色透明、红、蓝、绿、黄、棕、白、黑等颜色。

热塑性材料遇热变软、熔化，具有良好的模塑性能，另外，热塑性材料具备机加工性能，可以进行车、铣、钻、磨等加工，通过模塑加工或机加工成型后的模型精致、美观，适于制作展示模型与样机外壳。

热塑性塑料也有易变形、刚性差等缺陷，采用塑料制作模型成本较高，加工过程中对设备、工具及制作技术等的要求都比较严格。

手工模型制作中常使用聚甲基丙烯酸甲酯（PMMA有机玻璃）、丙烯腈-丁二烯-苯乙烯（ABS）、聚氯乙烯（PVC）等热塑性塑料作为模型材料。热塑性塑料适于制作交流展示模型和手板样机模型。

6.2 制作热塑性塑料模型的主要设备、工具及辅助材料

1. 画线及度量工具

（1）盒尺、游标卡尺、量角仪、方尺、直尺等（图6-2）：使用度量工具界定模型各部分形状、尺寸。

（2）画针、画规（图6-2）：用于在塑料表面上画出零部件的轮廓形状痕迹。

图6-3

(3) 高度规（图6-3）：高度规既是画线工具也是度量工具，使用高度规可沿高度画出加工痕迹。

(4) 画线方箱（图6-4）：借助画线方箱在棒料、管料及板料上画线时能有效地防止位移或滚动现象的发生。

如果在板材上画线，可以将板材靠在方箱上，使用高度规画线。

如果在棒料及管料上画线，将棒料或管料靠于方箱的V型槽内，防止画线过程中发生材料滚动的现象。

2. 切割工具

(1) 手工锯、电动曲线锯（图6-5）：按画出的轮廓形状进行切割、落料等加工操作。

(2) 勾刀、美工刀（图6-6）：使用勾刀可沿直线方向快速将塑料板材勾画分割，美工刀精修塑料工件边缘。

3. 切削设备

(1) 车床（图6-7）：车床用于车削出回旋体形状的工件。

图6-4

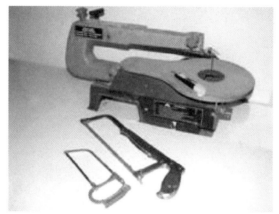

图6-5

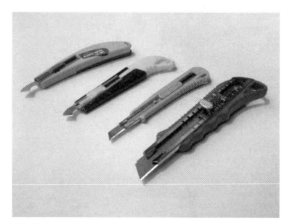

图6-6

图6-7

（2）钻铣床（图6-8）：可在工件上进行铣边、铣孔、铣槽、铣台等加工操作。

4. 磨削设备、工具

（1）砂带机（图6-9）：使用砂带机磨平零件的大面及外轮廓边缘。

（2）修边机（图6-10）：修边机配有各种形状的磨头，可以将零部件的边缘修磨成与磨头形状相对应的形状边缘。

5. **布轮抛光机、布轮、抛光皂（图6-11）**

塑料工件表面需要进行抛光处理时可以使用抛光机进行抛磨，通过抛磨处理可以获得非常理想的表面光洁度。

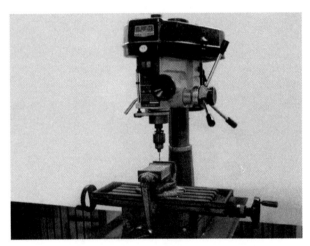

图6-8

图6-9

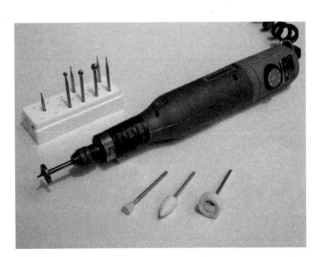

图6-10

图6-11

6. 锉削工具（图2-12）

用于锉平、倒角、倒圆塑料零部件的内、外边缘。

7. 夹持工具

（1）台钳（图6-12）：将工件固定夹持在台钳上，便于加工操作。

（2）夹紧器（图6-13）：可灵活、方便地固定夹紧工件的某个部位。

8. 加热设备、工具

（1）红外线加热箱（图3-2）：将热塑性材料放入红外线加热箱，可以将材料加热软化至模塑温度。

（2）热风枪（图3-3）：使用热风枪局部软化塑料至模塑温度。

9. 冷却水槽（图6-14）

模塑成型后的塑料工件需要马上放置在水槽中，进行冷却定型处理。

10. 塑焊枪、焊丝（图6-15）

塑焊枪用于熔融焊丝，焊丝受热以后变成熔融状态，达到粘结的目的。

使用ABS或PVC塑料制成的模型，零部件之间的接合一般采用焊接方法组合为一体，也可以选用相关胶粘剂、溶剂进行连接。

11. 三氯甲烷溶剂、注射器（图6-16）

三氯甲烷溶剂主要用于粘合有机玻璃或ABS塑料。

使用注射器将三氯甲烷溶剂注射于塑料零件的结合部位使零件相互粘合。

市场销售的胶粘剂种类繁多，粘结塑料零部件时根据使用说明选用与材料性质相对应的胶粘剂进行粘结。

6.3 热塑性塑料成型方法

6.3.1 冷加工成型

冷加工成型是指无需借助热源进行加工成型的过程。

1. 使用塑料板材冷加工成型

（1）画线

按照图纸尺寸用画针、画规等画线工具在塑料板材上借助直尺、曲线板、角度

图6-12

图6-13

图6-14

图6-15

尺等度量工具精确画出零部件的轮廓形状，如图6-17所示。

用画针画出的线形痕迹不易看清楚，可以使用铅笔沿着痕迹再描画一遍，便可以非常清晰地看出轮廓线形，便于加工。

(2) 下料

1) 沿直线边缘轮廓下料

①将钢板直尺的边缘与所画直线平行，留出精细加工的余量，按住钢板尺不能移动，使用勾刀紧贴在直尺的一侧，拖动勾刀沿直线全长从头至尾轻缓地连续勾画几次，如图6-18所示。

②勾画到一定深度后移开直尺，按住勾刀的前部继续反复从头至尾用力连续勾画，当划痕深度超过板材厚度的一半用双手分别捏住划痕线的两侧逐渐掰开塑料板材，如图6-19所示。

也可以使用手工锯沿直线边缘进行锯割。

2) 沿曲线边缘轮廓下料

①使用曲线锯切割曲线形状，切割时双手扶稳板材匀速推进，沿线形外侧留出一定加工余量进行切割，如图6-20所示。

②切割过程中由于摩擦产生高热可能会将已切割的部分重新粘结，可用注射器在切割的部位少量滴注冷水降温，防止材料因受热重新粘结，如图6-21所示。

3) 沿内轮廓边缘下料

使用钻铣床或手持电钻在内轮廓边缘的拐角处打通孔，将锯条套入孔中，安装好锯条后沿内部的轮廓外边缘留出一定加工余量进行切割，如图6-22所示。

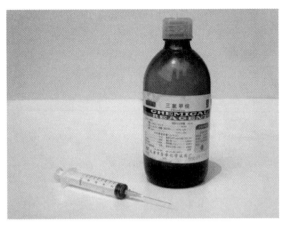

图6-16

图6-17

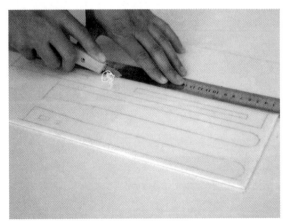

图6-18

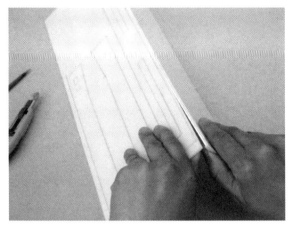
图6-19

图6-20

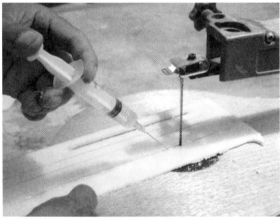
图6-21

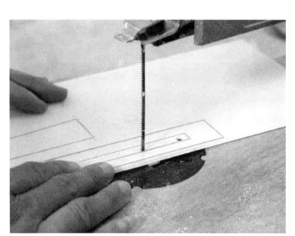
图6-22

(3) 精细加工

1) 打孔、铣槽

如果需在板材上打孔或开槽,可以在钻铣床上安装不同直径的钻头或铣刀进行钻孔、铣槽等加工操作,如图6-23所示。

打孔前将零件夹紧固定,如果没有办法固定零件,则必须扶稳、扶牢方可进行操作。打孔或铣槽的过程中注意经常用毛刷蘸水冷却加工部位并及时清除钻、铣屑。

特别提出注意的是,要打通的孔在即将打透时进刀量要减小,防止将板材打裂。

2) 修边

下料后产生粗坯零件,粗坯零件的边缘比较粗糙且没有达到图纸尺寸要求,需要进行精细加工。使用金属板锉、什锦组锉、修边机等工具可对粗坯工件的内、外轮廓边缘进行倒角、倒圆、修平等加工处理,逐渐加工至轮廓界线达到形状要求,如图6-24所示。

2. 使用塑料管材、棒材冷加工成型

(1) 画线

根据图纸要求在选用的管材或棒材上画出加工位置、界线，如图6-25所示。

将管材或棒材水平或垂直地靠在V形槽中，一只手把持住材料，另一只手使用高度规沿周圈画线确定高度位置界线。

(2) 下料

将材料夹持在台钳上，为了防止钳口夹伤材料表面可以在钳口与材料之间垫上薄木片等。按画出的加工界线使用手工锯截断管材或棒材，注意在画线的外侧锯割下料，留出精细加工余量，如图6-26所示。

(3) 精细加工

1) 回转体形状加工

如果需将塑料管材、棒材加工成回转体形状，可以使用车床沿轴向、径向两个方向切削加工出所需的回转体形状，如图6-27所示。

在加工过程中要时常使用游标卡尺、轮廓磨板等度量工具，准确测量各部位尺寸。

2) 打孔、铣槽

如果需在管材或棒材上打孔或开槽，可以在钻铣床上安装不同直径的钻头或铣刀进行钻孔、铣槽等加工操作，如图6-28所示。

图6-23

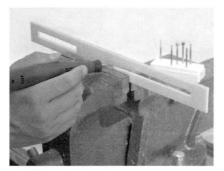

图6-24

图6-25

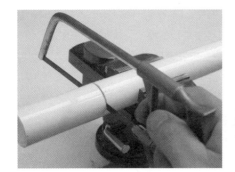

图6-26

图6-27

图6-28

6.3.2 热加工成型

热加工成型是指借助热源进行加工成型的过程。

1. 使用塑料板材热压成型

利用热塑性塑料遇热变软的物理特性,通过模塑加工可以形成各种复杂的形态。手工模型制作中多采用模具压制的方法加工成型。

（1）塑料板材的热折弯成型

1）制作折弯模

用细木工板或中密度板等材料按照弯折角度制作折弯模,折弯模展开的长宽尺寸要大于零件的长宽尺寸,如图6-29所示。

2）加热折弯部位

按图纸下料以后要在板材的弯折部位画出折线标记,将转折线标记对齐、对正折弯模的折弯部位,在板料上垫一块薄木板,使用夹紧器夹于折弯模上。

用热风枪在折弯部位来回移动均匀加热,如图6-30所示。

3）压型

①板材受热变软后用平直的木板压紧、压实塑料板材于折弯模上,如图6-31所示。

②用毛巾蘸冷水给转折部位降温,如图6-32所示。

③冷却定型后方可取下折弯工件,如图6-33所示。

（2）塑料板材的多向曲面热压成型

曲面形态的成型过程比较复杂,需要借助事先做好的原型翻制压型模具,

图6-29

图6-30

图6-31

图6-32

图6-33

图6-34

图6-35

图6-36

图6-37

通过模具将加热软化的塑料板材压制成曲面形态。

1）制作压型模具

①首先，用黏土或油泥等材料制作出标准的曲面形态，如图6-34所示。

②使用石膏材料制作压型模具，方便、快捷，可参考"第4章 石膏模型制作4.3.2 反求成型"中的负型制作方法制作压型模具。在塑造完成的原型边缘搭建型腔，型腔距原型的边缘50mm以上。将调制好的石膏溶液注入型腔，在调和石膏溶液时注意石膏粉的比例要大一些，用以增加石膏压模的强度。

石膏凝固成型以后打开型腔取下石膏阴模，清洗石膏模上的泥渍。

用电钻在阴模的最低点的位置打通孔，用于压型过程中排放塑料板与阴模之间的空气，如图6-35所示。

③由于塑料板材是夹在阴、阳模具中间压制成型，所以在阴、阳模具之间要预留一定的间隙，间隙量的大小由被压型的塑料板材厚度决定。

可以使用油泥或黏土提前预制间隙层，用泥板机或手工方法将油泥擀压成片。先在被压制的塑料板材上取下两条宽度为50mm的长条，分开放置，用塑料薄膜包裹将加热软化的油泥用力擀压，当圆棒与塑料板接触时证明泥片达到厚度要求，如图6-36所示。

④将泥片放置在模具上，用手轻轻按压泥片逐渐贴实、将石膏阴模内表面铺满，注意各部位的泥片厚度要一致。

贴合过程中泥片出现褶皱的地方用刀片切开，并将多余的泥片割掉，出现空隙的地方要接补泥片并局部修形，如图6-37所示。

⑤使用美工刀沿石膏模的边缘将油泥层外边切割整齐,如图6-38所示。

⑥沿石膏阴模外侧搭建型腔,调制石膏溶液注入型腔中,石膏凝固成型以后打开型腔取下石膏阳模,揭开油泥间隙层。在阳模最高点的位置打通孔,用于排放压型过程中塑料板与阳模之间的空气,如图6-39所示。

2)加热软化塑料

根据曲面形态估算展开面积,下料。下料时一定要留出足够的余量防止塑变时余量不足。将板材放入红外线烘干箱加热至模塑温度,薄板材的模塑温度控制在100℃~120℃,厚板材的模塑温度120℃~140℃。

为了防止烫伤应该戴上手套,用夹钳取出软化的塑料板材,如图6-40所示。

3)热压型

①在红外线干燥箱中将塑料加热软化至模塑温度后取出,迅速放置在石膏阴模上面,如图6-41所示。

②将阳模放在塑料板上,向下施加足够的压力使塑料板塑变成型,如图6-42所示。

③压紧阳模的同时用冷水持续不断地注入石膏模具的出气孔中冷却塑料板材,如图6-43所示。

④降低到一定温度后将压制成型的板材从模具中取出,如图6-44所示。为了确保形状不发生变化应该继续放入冷水槽中继续冷却成型。

4)精细加工

将曲线锯沿压制成型曲面边缘将多余的部分切割下来,用砂带机、修

图6-38

图6-39

图6-40

图6-41

图6-42

图6-43

图6-44

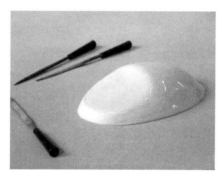

图6-45

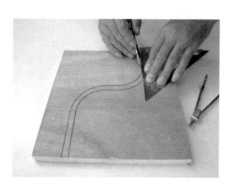

图6-46

边机、金属板锉、什锦组锉等工具修整曲面边缘，使形状达到设计要求，如图6-45所示。

2. 使用塑料棒材、管材热弯曲成型

（1）制作压型模具

1）选用细木工板或中密度板制作压型模具，板的厚度应该大于被加工管材或棒材的直径。按照设计的形状在板上画出弯曲的轮廓界线，如图6-46所示。

2）用曲线锯沿轮廓界线进行切割，如图6-47所示。

3）使用木锉锉削切割痕迹，使边缘光滑、顺畅，如图6-48所示。

4）用螺钉将其中一块模板固定在工作台面上，如图6-49所示。

（2）管内填砂

计算弯曲零件的实际展开长度之后下料，下料的长度要大于曲线的展开长度。

使用管材加工曲线形状时由于内部中空，在弯曲过程中容易出现径向变形，为了防止这种情况发生，加工前使用经过烘干的细砂填充于管内，填满、填实后用圆形木楔堵实、堵严两个端口，如图6-50所示。

图6-47

图6-48

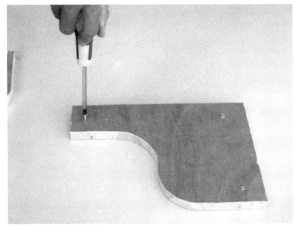

图6-49

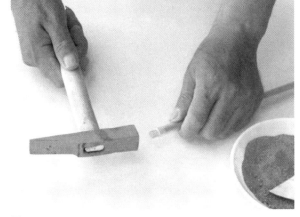

图6-50

(3) 加热

用热风枪均匀加热管材或棒材,如图6-51所示。

也可以将材料放入红外线烘干箱加热,薄壁管材的加热温度控制在100℃~120℃,棒材加热温度控制在120℃~140℃。

(4) 压型

1) 将受热软化的管料或棒料放置在固定模板与活动模板之间,推挤活动模板使管材与两块模板紧紧靠严、贴实,如图6-52所示。

2) 用毛巾蘸取冷水冷却工件表面,如图6-53所示。当工件表面降至常温后应迅速取下工件放入冷却水槽中,等到工件完全冷却定型后取出。

（5）精细加工

根据图纸要求将多余的长度切割下去，将管中的细砂倒出，用清水冲洗干净、晾干，使用金属板锉修整管料的端口或棒料的端面，如图6-54所示。

6.3.3 塑料表面抛光处理

塑料在加工过程中表面会出现划伤现象，可用抛光设备进行抛磨，能产生非常光滑、明亮的效果。

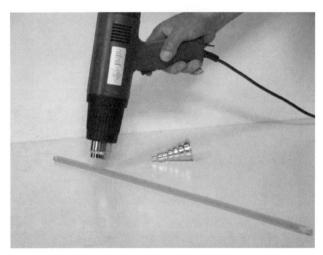

图6-51

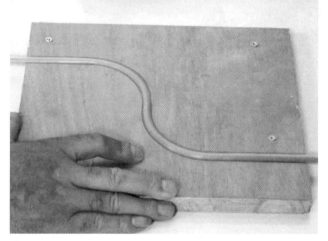

图6-52

图6-53

图6-54

1. 打磨

使用高目数的水砂纸蘸水打磨划伤部位，消除加工痕迹及表面的划痕，如图6-55所示。

2. 抛磨

（1）将划痕打磨掉以后使用抛光机进行抛磨。抛磨中两手紧紧把住工件，不要将工件过于紧贴布轮，否则容易产生摩擦高热反而影响抛光质量，如图6-56所示。

（2）在抛磨过程中经常打一些抛光皂在旋转的布轮上，以增强零件表面光滑、明亮的程度，如图6-57所示。

6.3.4 制作案例

如图11-7所示的《电饭煲》设计为例，下面简述塑料模型的制作方法与步骤。

1. 画线

按照图纸尺寸在塑料板材上画出各零件的轮廓形状线形，如图6-58所示。

2. 下料

（1）沿直线下料时可以用勾刀直接勾画，如图6-59所示。也可以使用手工锯沿直线边缘进行锯割。

勾画到一定深度后直接掰开塑料板材。

（2）加工曲线边缘形状或内边缘形状时用曲线锯进行切割，如图6-60所示。

由于切割过程会产生热量，可以用注射器在切割的部位滴注少量的冷水用

图6-55

图6-56

图6-57

 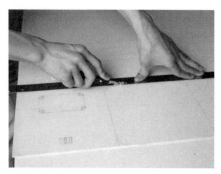 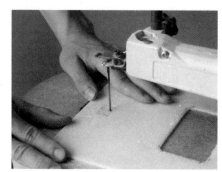

图6-58　　　　　　　　　　　　图6-59　　　　　　　　　　　　图6-60

以降温，防止材料因受热重新粘结，如图6-21所示。

3. 制作热弯胎模

（1）使用石膏制作热弯胎模。根据图纸尺寸浇注一块石膏体，在石膏体上画出弯曲部位的线形，如图6-61所示。

胎模尺寸＝图纸尺寸－板材厚度尺寸。

（2）使用刮削工具沿图形界线精细制作胎模，如图6-62所示。

胎模的形状一定要准确，否则压制出的形状达不到预期的效果。

4. 热弯成型

（1）使用热风枪等加热工具对弯曲的部位进行局部加热，如图6-63所示。

加热时要来回移动热风枪，确保塑料弯曲部位受热均匀。

（2）观察塑料板，若加热至软化程度，应迅速将受热部位贴靠于胎模，同时使用平直的木板压住塑料板，如图6-64所示。

使用冷水冷却受热部位，当温度降至室温时方可移开木板。

5. 精细加工

（1）使用金属板锉、什锦组锉等工具锉削零件的内外边缘，如图6-65所示。

（2）在加工细节变化比较复杂的边角、凹槽、孔等形状时，可以使用修边机等精修工具进行加工，如图6-66所示。

修边机配有各种形状的磨头，可以将零部件的边缘修磨成与磨头形状相对应的形状边缘。

（3）塑料热弯后有的地方可能发生微小的变形，继续使用锉刀等工具调整变形部位，如图6-67所示。

6. 组装成型

热塑性塑料模型大多是由零部件组合而成，通过对零部件的连接、组装，形成一个完整的塑料模型。一般采用粘合、焊接等方法组装成型。

粘合之前用水砂纸打毛粘结部位，用皂液去除零部件上的油脂、污物，用清水清洗零部件后晾干以备粘结或焊接。

图6-61

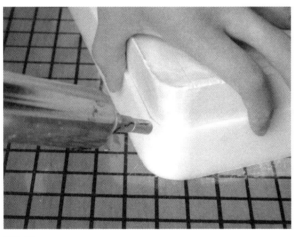

图6-63

图6-62

图6-65

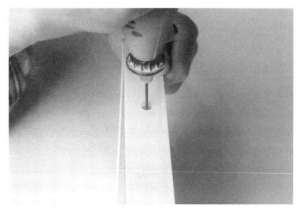

图6-64

图6-66

图6-67

图6-68

图6-69

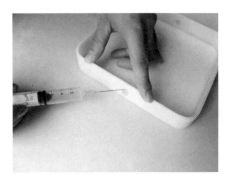
图6-70

图6-71

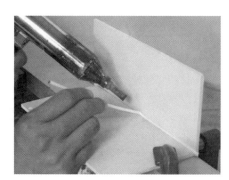
图6-72

(1) 胶粘剂粘结成型

1) 夹紧、固定零件

为了防止粘结时零件发生位置移动，使用夹紧器固定零件，如图6-68所示。

等待零件相互粘合牢固以后方可取下夹紧器。

2) 粘结

①通常使用三氯甲烷溶剂粘合有机玻璃、ABS塑料。

使用三氯甲烷溶剂粘结零件时将注射器的针头靠于接合缝隙处轻缓推入，如图6-69所示。

三氯甲烷溶剂的一次推入量不要太多，防止流到其他部位腐蚀模型表面。

②仔细检查是否有漏粘或粘结不牢固的地方，如果有则继续粘合牢固，如图6-70所示。

如果使用其他种类的胶粘剂粘合零部件，应该注意不要涂出粘结部位，防止胶粘剂腐蚀塑料表面。

(2) 焊接成型

焊接成型是将塑料焊丝加热到熔融状态，用熔融的塑料焊丝将零部件相互粘结成型。

焊接成型要求材料具有一定的厚度，因为塑焊枪喷出的热气足以使得薄料产生热变形。

注意焊缝尽量处理在模型的内部，不要暴露于外部而影响模型表面质量。

1) 边缘倒角

焊接前在焊接部位的边缘进行倒角处理，能够使熔融的焊丝填入其中，如图6-71所示。

2）固定、焊接

将工件固定摆放好，用塑焊枪在熔融焊丝的同时匀速推动焊丝粘结零件，熔融的焊丝要填实、填满缝隙，如图6-72所示。如果焊缝在模型表面，焊接后使用锉刀锉平焊丝凸起的部位。

7. 组装调试

将所有组装成型的零部件组合在一起，调试零部件之间的装配关系是否达到要求，及时修改出现的问题，如图6-73所示。

6.4 塑料模型表面涂饰

使用热塑性塑料材料制作模型可以直接选用有颜色或有机理的半成品材料作为模型表面装饰，但一般情况下需要重新进行表面处理，由于塑料零部件在制作过程中不免产生制作误差，粘合或焊接组装成型后的结合部位可能会产生缝隙与焊接痕迹，影响表面质量，因此需要对塑料模型表面进行二次装饰处理。

6.4.1 涂饰工具与涂饰材料

1. 气泵、喷枪（图3-49）

   对模型表面进行喷涂加工。

2. 涂料（图3-51）

   各色罐装油漆、自喷漆等，涂饰塑料模型表面。

3. 醇酸稀料、硝基稀料（图3-52）

   用于稀释油漆涂料，清洗喷枪上的涂料。

4. 清洁剂

   喷涂之前用清洁剂清除塑料表面的油脂与灰尘。可以用洗衣粉或肥皂替代清洁剂作除脂、除尘处理。

5. 低黏度遮挡纸（图3-52）

   挡住不被涂饰的地方。

6. 水砂纸

   打磨塑料表面及攒灰部位。

7. 原子灰、刮刀、刮板（图6-74）

   刮板用薄塑料板或有弹性的薄钢片制成，使用刮板可以很方便地将调和好的原子灰攒入接缝或刮平有凹陷的地方。

原子灰是双组分材料，加入固化剂后在一定时间内凝固，用于填补零件之间的缝隙。

6.4.2 塑料模型表面涂饰方法

1. 攒原子灰

塑料模型在加工过程中会出现局部不平整的地方，或者零件粘结后出现缝隙，可以使用原子灰填补、找平。

（1）根据一次使用量的大小按比例将原子灰与固化剂进行调和，如图6-75所示。

已经调和的原子灰凝固后无法再继续使用，要适量调和避免浪费。

（2）固化剂与原子灰要充分调和均匀，否则原子灰不易凝固，如图6-76所示。

（3）攒灰之前用粗砂纸打毛攒灰部位以增加原子灰的附着力。

用刮板找平大平面，如图6-77所示。

（4）用刮刀等工具将原子灰攒入接缝的缝隙及凹陷部位，如图6-78所示。

2. 打磨

待原子灰完全凝固后，使用水砂纸通体精细打磨。将水砂纸裹在一块小平板上蘸水打磨比较省力，且打磨效果比较好，如图6-79所示。

随时清除灰尘，仔细观察攒灰部位，发现有缺陷的地方继续调和适量原子灰进行攒补、打磨。

3. 涂饰油漆涂料

请参照"4.4.2 石膏模型表面涂饰方

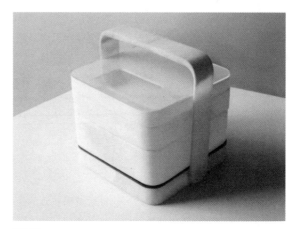

图6-73

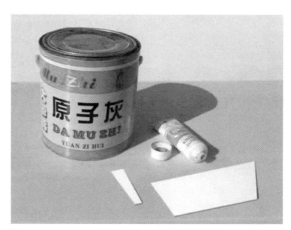

图6-74

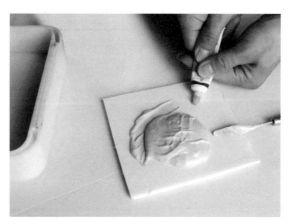

图6-75

图6-76

图6-77

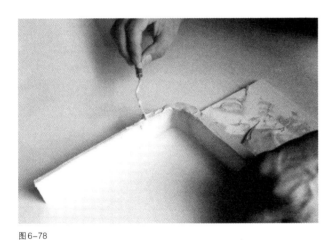

图6-78

图6-79

法"中的喷涂涂饰方法进行表面涂饰,涂饰过程不再叙述。

涂饰前使用清洁剂清除模型表面的油渍,擦拭水分,等晾干后方可进行涂饰,涂饰环境要求无尘。

将模型衬垫至一定高度,分别使用选定的颜色自喷漆在相关零件表面进行喷涂,需均匀喷涂若干遍才能逐渐达到理想的表面效果,如图6-80所示。

4. 表面装饰

(1)如果塑料模型表面需要图形或文字装饰,选用打印的图形粘贴于模型表面。条件允许的情况下用丝网印刷能够印出更加理想的文字或图形,如图6-81所示。

(2)安装配饰件,完成塑料模型制作过程,如图6-82所示。

图6-80　　　　　　　　　　　图6-81　　　　　　　　　　　图6-82

本章作业

思考题：
1. 塑料材料的成型特性是什么？
2. 叙述塑料模型的加工方法与操作步骤。

实验题：
按照"6.3.2　1. 使用塑料板材热压成型"中"（2）塑料板材的多向曲面热压成型"方法，使用有机玻璃制作一个曲面形状。

第7章 玻璃钢模型制作

第6章中介绍了热塑性塑料的模型制作过程。本章讲解使用热固性塑料制作模型的方法与步骤。

7.1 玻璃钢的成型特性

用玻璃纤维增强塑料，俗称玻璃钢。玻璃钢主要由玻璃纤维与合成树脂（热固性树脂）两大类材料组成，它是以玻璃纤维及其制品（玻璃布、带、毡等）作增强材料来增强塑料基体的一种复合材料。玻璃纤维起着骨架作用，而合成树脂的主要作用是粘结纤维，两者共同承担载荷，所以玻璃纤维又被称为骨材或增强材料，树脂被称为基体或胶粘剂，塑料基体可以是不饱和聚酯树脂、环氧树脂或酚醛树脂。

本章重点介绍使用不饱和聚酯树脂制作玻璃钢模型。

不饱和聚酯树脂的种类较多，是液态透明或半透明粘稠状物体，如图7-1所示。加入固化剂、促进剂以后可以固化成型，固化剂、促进剂的投入量可以控制树脂的固化时间，在固化成型之前树脂仍呈液态状，利用这一反应特性在树脂固化之前采用手工方法制作，可以通过模具使用裱糊成型或浇注成型的方法制作出形态复杂的玻璃钢模型。

套装购买的树脂含有固化剂、促进剂，固化剂为无色透明液体，促进剂呈紫色液体。购买的套装树脂应该尽量一次性使用完毕，如果需保存则应密闭放置于阴凉干燥处。

不饱和聚酯树脂固化成型后强度、硬度较高但刚性较差，固化反应过程中产生热量，易出现热收缩现象，由于玻璃钢主要由树脂和玻璃纤维组成，玻璃纤维及其制品对玻璃钢的质量能产生比较明显的影响，如玻璃纤维织物的经、纬方向变化、纱捻粗细变化、织物孔径大小以及玻璃纤维自身的质量都会对玻璃钢造成影响，使得玻璃钢各方向受力不均，易发生变形。

玻璃钢适于制作交流展示模型和手板样机模型。

7.2 制作玻璃钢模型的主要设备、工具及辅助材料

1. 秤、塑胶容器（图5-2）

将树脂放入塑胶容器严格称重树脂重量。

2. 天平（图5-3）

用于称量固化剂、促进剂的投放重量。树脂与固化剂、促进剂的混合比例是重量比，要按照套装购买的树脂使用说明书进行调和，固化剂、促进剂的用量大小直接影响成型质量与成型时间。

3. 填充材料

树脂中适量加入一些填充材料能节约部分树脂原料、提高玻璃钢模型强度，还可以使模型表面产生不同质地的效果。填充的材料可以是石膏粉，滑石粉、石粉、钛白粉等。

4. 脱模剂（图4-8）

使用树脂制作模型之前应该在模具内表面涂抹脱模剂，便于脱取模具上成型的玻璃钢。化工商店有专用脱模剂出售，也可用医用凡士林替代。

图7-1

图7-2

5. 玻璃纤维制品（图7-2）

   树脂裱糊过程中加入玻璃纤维布、丝、毡等玻璃纤维制品可以增强玻璃钢模型的强度。

6. 鬃刷、灰刀、油画刀、剪刀、美工刀

   鬃刷用于刷涂树脂溶液；在裱糊过程中用灰刀、油画刀刮抹树脂；剪刀、美工刀裁切玻璃纤维制品。

7. 丙酮溶液（图5-6）

   用丙酮溶液浸泡鬃刷可以清除刷子上面的树脂，树脂一旦凝固在鬃刷上便无法使用。

8. 金属板锉、砂纸

   打磨、修整、打磨已成型的树脂模型表面。

9. 手提式电动锯（图7-3）

   使用手提式电动锯可以在模型上灵活地锯割曲线。

7.3 玻璃钢模型成型方法

树脂模型成型的方法很多，如手糊成型、层压成型、模压成型、缠绕成型、挤出成型、注射成型、浇注成型等。手工制作玻璃钢模型经常采用手糊成型、浇注成型的方法，无论使用何种成型方法都要依靠负型模具完成制作过程。注意，制作玻璃钢模型时应该选择通风条件好的工作环境。

7.3.1 不饱和聚酯树脂的调和方法

不饱和聚酯树脂中加入一定量的固化剂、促进剂经过均匀搅拌，一定时间后凝固成型。树脂与促进剂、固化剂要按重量比进行调和，一般情况下树脂与促进剂的重量比为100：2～4，树脂与固化剂的重量比也是100：2～4，但应该参考套装购买的使用说明准确投放固化剂、促进剂的用量。投入不同比例的促进剂与固化剂可以控制树脂的固化时间，利用这一特点可在树脂固化以前完成一次裱糊操作过程。树脂模型需要多遍裱糊才能完成，每次调和树脂要按照下述步骤完成调和过程。

1. 称量一遍裱糊所需树脂的重量，将不饱和聚酯树脂倒入塑胶容器。

2. 按重量比使用天平分别称量出促进剂、固化剂的实际使用量。

先将促进剂放入树脂中并充分搅拌均匀，为了增加树脂模型的强度或想在模型表面上产生一些肌理效果，可以适量在树脂中加入一些填料，如石膏粉、化石粉、钛白粉等，如图7-4所示。

注意：使用裱糊成型的方法应该在树脂中多加填充料，调好的树脂应形成膏状体。

3. 最后，将固化剂放入树脂中充分搅拌均匀，随即开始裱糊操作，如图7-5所示。

特别提出注意的是，固化剂与促进剂应当分开保存，如果两者相混会发生快速反应，容易发生危险。

图7-3

图7-4

图7-5

7.3.2 裱糊成型

下面以图11-5所示的《音箱》设计为例,使用硅橡胶模具采用手糊成型的方法制作树脂模型。

提示:制作树脂模型的模具也可以使用石膏材料,先借助原型翻制石膏负型模具,再通过石膏负型制作树脂模型。

(1) 将硅橡胶模具与石膏依托相互吻合在一起。

用鬃刷蘸取已调和的树脂均匀地在模具内表面涂刷一遍。内表面中沟槽、凹陷的地方一定要将树脂充斥进去,第一遍树脂刷涂的好坏直接影响模型的表面质量,如图7-6所示。

(2) 等待第一遍树脂凝固。重新调和适量的树脂,开始裱糊第一层玻璃布,用油画刀挑取树脂在局部刮抹平整,将裁剪成小方块的玻璃布贴在刚刚刮抹的树脂上面,继续用油画刀轻轻刮平玻璃布,如图7-7所示。

(3) 相邻的两块玻璃布,其边缘要搭接在一起,玻璃布要与树脂粘牢、贴实,并均匀贴满内表面,如图7-8所示。

(4) 在贴满的玻璃布上继续均匀刮抹一层树脂,如图7-9所示。

等待树脂固化。如果树脂模型有厚度要求,可以继续按照上述操作过程反复裱糊几层玻璃布,逐渐增加模型的厚度。

(5) 使用手提式电动锯或刀具将玻璃布的毛边切除,如图7-10所示。

(6) 将分块裱糊的模具拼合在一起,对齐合模线,用橡胶绳将石膏依托捆绑结实防止松动,如图7-11所示。

图7-6

图7-7

图7-8

图7-9

图7-10

图7-11

(7) 调和少量树脂，将玻璃布拆成纤维丝，用剪刀剪成小段放入树脂内搅拌，用来粘结结合部位，如图7-12所示。

(8) 将蘸有树脂的纤维丝粘贴、搭接在树脂内表面的结合缝部位，等待固化，如图7-13所示。

(9) 开启硅橡胶模具取出玻璃钢模型，如图7-14所示。

注意：如果使用的是石膏模具，出现不好开启的现象，可毁掉石膏模具取出玻璃钢模型。

(10) 使用刀具或锉刀将合模线部位突起的树脂残渣去掉，如图7-15所示。

(11) 使用手提式线锯切割放置扬声器的圆孔，如图7-16所示。

(12) 用半圆弧面的锉刀锉削圆孔边缘，根据配件的边缘形状修整结合部位，使之能够相互配合，如图7-17所示。

图7-12

图7-13

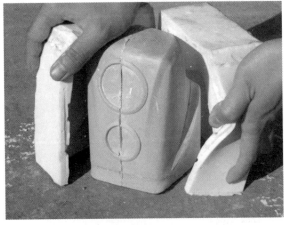

图7-14

图7-15

7.4 玻璃钢模型表面涂饰

玻璃钢模型的表面效果处理，一般情况下采用油漆涂料涂饰的方法完成。

玻璃钢模型的表面涂饰方法与塑料模型的涂饰方法基本相同，参考"6.4 热塑性塑料模型表面涂饰"的方法进行玻璃钢模型表面涂饰。下面简述涂饰过程。

1. 攒原子灰

调和原子灰，将模型表面的凹陷、缺损部位及合模的缝隙填补、找平，如图 7-18 所示。

2. 打磨

原子灰干燥后使用细砂纸裹上小木块蘸水打磨攒灰部位，经过多次填补、打磨，精修每一个细部直到获得一个完整的表面，如图 7-19 所示。

继续使用水砂纸蘸水将模型通体打磨光滑，使用清水清洗粉尘，晾干后进行表面涂饰。

3. 涂饰油漆涂料

先用浅色的油漆涂料薄而均匀地喷涂一遍底漆，便于观察模型表面是否还存在微小的凹凸不平的现象，如果出现此问题则继续使用原子灰进行局部修补。

除净粉尘后再继续进行喷涂操作，如图 7-20 所示。

使用涂料进行表面涂饰要经过反复多次才能获得理想的表面涂层，每涂饰一次后要等待涂料彻底干燥再进行下一次涂饰过程。

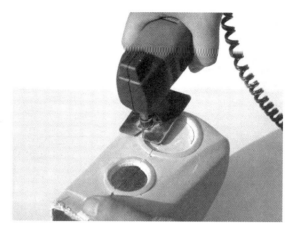

图 7-16

图 7-17

图 7-18

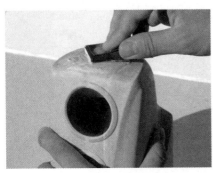 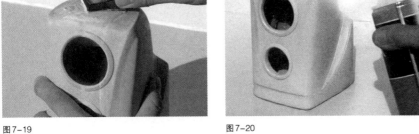 

图 7-19　　　　　　　　　　　　图 7-20　　　　　　　　　　　　图 7-21

4. 表面装饰

表面涂饰达到预期的效果后继续进行文字、图形等装饰处理。

为了提高模型表面的光亮度，当文字、图形装饰完成后可以再喷涂一层透明清漆，等待透明清漆干燥后将成品配件安装于树脂模型上，完成树脂模型制作，如图 7-21 所示。

本章作业

思考题：
1. 玻璃钢材料的成型特性是什么？
2. 叙述玻璃钢模型的加工方法与操作步骤。

实验题：
使用第 5 章作业中制作的硅橡胶模具，用"裱糊成型"的方法反求复制，转换为玻璃钢模型。

第8章 木模型制作

8.1 木材的成型特性

木材是一种自然生长的有机体，种类繁多，分布广泛。木材的使用价值很高，已广泛应用于人们的日常生产、生活中。

木材是一种非常经典、实用的造型材料。木材质轻，强度、硬度较高，柔韧性好，可塑性强，使用手工和机械操作的方法都可以对其进行深加工，具有良好的加工成型性。由于不同树种的木质、颜色、肌理各不相同，且树木在自然生长过程中逐渐形成了"年轮"，加工过程中沿不同方向切割木材会出现各种美观的色泽与自然纹理，充分反映出木材的自然之美。

树木在自然环境中的生长周期比较长，成材率比较低，生长过程中由于内部纤维组织间应力不均，脱水后容易出现裂纹、收缩的现象，吸水受潮后容易出现膨胀、扭曲等变形的现象，又由于木材具有易燃性，故存在一定的安全隐患。

用于模型制作的木材种类比较多，主要有松木、椴木、水曲柳、楸木、柞木、红木类等。由于自然生长的原木材料取材率相对比较低，材料的损耗率较大，为了合理利用木材资源，人们充分利用现代科技及加工技术将原木材料进行深加工，由此制成多种类型的半成品材料，使自然原木的利用率大为提升，通过加工处理不但保留了原木的自然特征，也改变了自然原木的天然缺陷，既节约了原材料也方便了使用。

手工方法制作木模型使用的材料基本上是半成品材料。市场上销售的半成品材料种类、规格比较齐全，如已加工成各种规格的实木线材、实木板材以及人工合成的细木工板、胶合板、纤维板、刨花板等人造板材，均可以用于木模型制作，如图8-1所示。

木材用于制作模型的有：展示模型、手板样机模型或功能实验模型。

8.2 制作木模型的主要设备、工具及辅助材料

加工木材的设备、工具种类很多，既有传统的手工操作工具又有机械化的加工设备。现代加工设备、工具为加工过程提供了更大的便捷性，不但提高了工作效率、减轻了劳动强度，也使加工质量大为提高。使用传统加工工具进行制作具有操作灵活、加工方便等特点，利用手工操作工具能够充分细腻地表现出复杂的形态变化。

下面主要介绍在手工制作木模型过程中经常使用的一些工具。

1. 画线类工具

使用画线工具在木材上画出加工轮廓线的痕迹，如图8-2所示。
(1) 木工铅笔：精细地画出加工界限。
(2) 弹墨斗：利用弹墨斗弹出较长的直线。
(3) 勒线器：在木料上勒出线形痕迹。
(4) 两脚画规：可在工件表面画出圆弧与曲线形状。

2. 度量工具

加工过程中用于测量、复核加工尺寸，如图8-3所示。
(1) 卷尺、直尺（钢板尺）等：测量长度加工尺寸。

图8-1

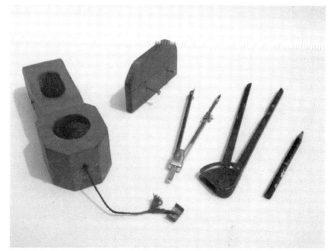

图8-2

图8-3

图8-4

（2）直角尺、角度尺等：画出角度及测量加工角度。

3. 锯类工具

（1）拐子锯（图8-4）：拐子锯上绷卡的锯条有宽条、细条、粗齿、细齿之分，宽条、粗齿的拐子锯可以将大木料破开锯割成小木料，切割时比较省力。窄条、细齿的拐子锯既能沿直线切割木料也能在木料上进行曲线切割。

（2）刀锯、手持锯（图8-5）：刀锯、手持锯使用方便，操作灵活，主要用于截断木料或锯割薄料板材上内、外轮廓的边缘等。

图 8-5

图 8-6

图 8-7

图 8-8

图 8-9

图 8-10

(3) 手提式电动锯（图7-3）：使用手提式电动锯可以灵活地锯割出曲线形状。

4. 刨类工具

(1) 平刨类（图8-6）：平刨有长平刨、短平刨之分，长平刨用于大面的刨平、长边的刨直，短平刨主要用于局部找平。

(2) 弧面刨（图8-7）：弧面刨能在木料上刨削出弧面形状。

(3) 线刨、槽刨、滚刨（燕尾刨）（图8-8）：线刨、槽刨能在木材上沿直线方向刨出不同样式的槽、边角。滚刨可以刨削板材上的曲边。

5. 开孔类工具

(1) 凿、铲类工具（图8-9）：凿、铲的种类很多，使用凿、铲类工具可在木料上开凿和铲削出不同形状的槽、通孔或盲孔。

(2) 开孔钻头、手持电钻（图8-10）：在手持电钻上换用不同直径的开孔钻头可以在木料上钻削出不同直径的通孔或盲孔。

6. 整形类工具

(1) 木锉刀（图8-11）：使用木锉刀可以精细地锉削出不同形状的边、孔及不规则的表面形状。

（2）电动修边机、侧铣平台（图8-12）：修边机配有各种形状的金属切削头，将电动修边机安装在侧铣平台上可在板材的边缘或表面加工出不同样式的边廓。

（3）电动打磨机、砂纸（图8-13）：将砂纸夹在电动打磨机上打磨木材表面，可以使木材表面更加光滑、细腻。

（4）榔头、手夹钳、旋凿（改锥）（图8-14）：榔头用于击打金属元钉以连接木制工件，形状似羊角、鸭嘴。羊角榔头一头用于击打，另一头可拔起元钉。

手夹钳有平口、偏口、尖嘴等形状，拔出或剪断金属元钉比较方便。

旋凿用于装卸各种规格的木螺钉。

8.3 木模型成型方法

如图11-8所示的《挂表》设计为例，下面将介绍木模型的基本制作方法。

木模型是由若干单独构件组合而成，构件类型主要分为具有一定截面形状的条形构件和薄厚不一的板状构件，在连接、组装构件之前要准确加工出各自的形状。

1. 条形构件的加工

（1）画线

如果加工直线形状的条形构件，先用弹墨斗在大块木料上弹出直线痕迹作为下料界线，如图8-15所示。

如果加工曲线状的条形构件，先按图纸尺寸在木料上画出曲线轮廓，作为下料的界线。

（2）下料

1）沿直线下料

沿直线下料时使用宽条、粗齿的拐子锯进行锯割，如图8-16所示。

初学锯割很容易发生锯偏、跑线等问题。锯割时手、腕、肘、肩膀要同时用力，送锯要到头，不要只送半锯，送锯时一定要顺劲下锯，不要硬扭锯条，提锯时用力要轻，并使锯齿稍稍离开锯割面。

2）沿曲线下料

锯割曲线形状使用窄条、细齿的拐子锯或手提式电动锯、电动曲线锯等工具，沿线形痕迹进行锯割。

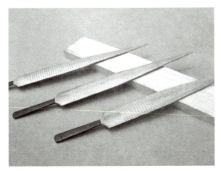

图8-11

图8-12

图8-13

图8-14

图8-15

图8-16

使用手提式电动锯锯割木料时推力均匀，匀速前移，锯条保持垂直不能发生倾斜，如图8-17所示。

（3）刨削

锯割下来的毛料表面粗糙，需要用刨子将锯割面刨光。

1）刨削平面

①首先使用短平刨将被加工面的凸起部位大致刨平，然后换用长平刨沿木料的通长进行刨削。

刨削平面时双手的食指与拇指压住刨床，其余三个手指握住刨柄，推刨时刨子要端平，两个胳臂必须强劲有力，不管木材多硬应一刨推到底，中途不得缓劲、手软，如图8-18所示。

②平面刨削过程中随时用钢板尺检查该面是否刨平，如果在钢板尺与被刨削的平面之间无缝隙则证明已经刨平，如图8-19所示。

以该面作为第一个基准面，可对其余各面进行刨削加工。

③继续刨平相邻的一个面，检查相邻面是否垂直，可以用木工方尺同时靠紧两个面，如无缝隙证明两个面相互垂直，查看过程中要多找几个观测点进行测量，确保两个相邻面相互垂直与平直，如图8-20所示。

④如果需要刨削其余两个面，调整勒线器上的画线钉，将勒线器紧贴于已经加工好的面上分别勒画出直线痕迹，如图8-21所示。

以勒画出的直线痕迹作为加工界线进行锯割，继续刨平、刨光其余两个面。

2）刨削曲面、曲边

①根据截面形状选用槽刨、线刨、

图8-17

图8-18

图8-19

图8-20

图8-21

图8-22

弧面刨等刨削工具可加工出不同截面形状。

如图8-22所示,使用弧面刨将一个平面加工成弧面形状。

②对于曲线边缘立面的刨削加工,可使用滚刨将曲边刨削光滑,如图8-23所示。

用滚刨进行曲边刨削两手要把持住刨柄,推力不要过大,随时观察曲线画线痕迹逐渐将曲边刨削光滑。

(4)铣边

如果需要在条形工件的边缘加工出比较复杂的装饰线形,可在修边机上安装不同形状的铣刀借助侧铣平台进行加工,如图8-24所示。

加工时将木料紧贴于侧铣平台,匀速推动木料逐渐铣出边缘形状。

2. 板状构件的加工

(1)画线

按图纸尺寸要求在半成品薄木板料上画出构件的轮廓形状,如图8-25所示。

(2)下料

1)沿直线下料

①在板材上沿直线下料可使用宽条、粗齿的拐子锯进行锯割。

图8-23

图8-24

图8-25

图8-26

图8-27

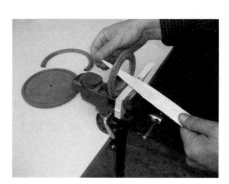
图8-28

②截断板料或方料时可使用刀锯加工操作，如图8-26所示。

2）沿曲线下料

使用窄条、细齿的拐子锯、手提式电动锯、电动曲线锯都可以在板料上沿曲线形状锯割。

如果板状构件具有内轮廓形状，可以使用曲线锯或手提式电动锯沿内轮廓边缘锯割，如图8-27所示。

(3) 刨削

1）板状构件的大平面刨削

刨削前查看整个平面是否有突起、翘曲的部位，用短平刨将这些部位大致找平，换用长平刨按次序一刨接一刨地刨削整个平面。刨削过程中随时用钢板尺沿横、纵两个方向检查面的平整度，钢板尺与被刨削面之间如无缝隙则证明该面已经被刨平。

平面上如有槽、边台等形状可以使用线刨、槽刨进行加工。

2）板状构件的立边刨削

①板状构件的外边缘立面如果是直线形可使用平刨将立面刨平。

②板状构件的外边缘立面有曲线形状变化可使用滚刨逐渐刨削成型。

(4) 锉削

板状构件内立边的修整可使用木锉逐渐将其锉削光滑，图8-28所示。

(5) 铣边

如果板状构件的立边边缘需要装饰线形，可以使用修边机将立面修饰成不同样式的边角形状。

1）将修边机固定于侧铣平台，在修边机上安装不同式样的铣刀可以将圆形薄板工件的内外边缘侧铣出形状各异的装饰线形。

铣边前先将薄板料锯割成圆形，在圆心处打出一个通孔套在固定销轴上。侧铣时双手扶稳板料匀速转动，注意每一次铣削时的吃刀量不要太大，完成一次铣削操作以后再适量抬升刀头高度进行加工，如图8-29所示。

2）继续进行铣削加工，直到整个刀头的刃口全部与木板接触才能加工出完整的形状，如图8-30所示。

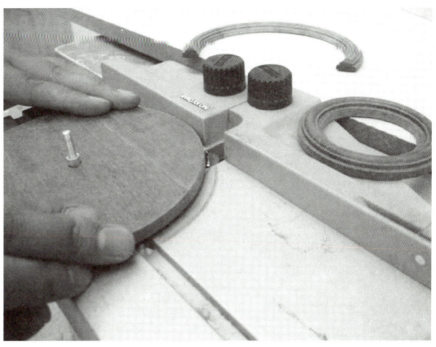

图8-29

3. 木制构件的结合

木制构件制作完成以后需要相互连接在一起，木制构件结合的方式很多，如榫结合、钉结合、预埋件结合、胶粘剂结合等，在木制模型制作的过程中应该根据实际情况正确使用连接方式。

结合《挂表》木模型的制作过程中所采用的连接方法，简介常用的结合方式。

(1) 榫结合

中国传统的木作加工工艺堪称登峰造极，先人为我们积累了丰富的经验并沿用至今，可谓是宝贵的文化遗产，也体现出中国人的勤劳与智慧，尤其是经典、巧妙的榫结合形式更是令人叹为观止。

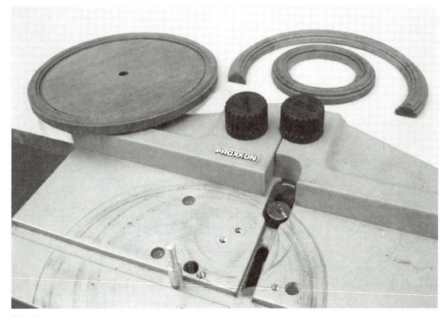

图8-30

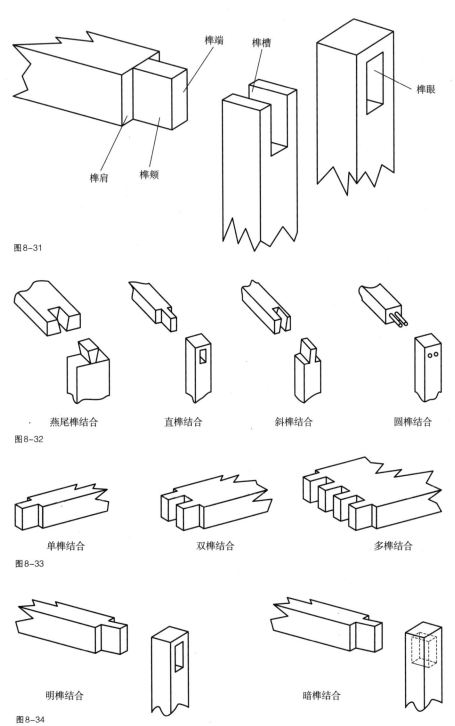

图8-31

图8-32 燕尾榫结合　直榫结合　斜榫结合　圆榫结合

图8-33 单榫结合　双榫结合　多榫结合

图8-34 明榫结合　暗榫结合

1）榫结合的各部名称

榫是由榫头和榫眼（槽）两部分组成，榫的各部名称如图8-31所示。

2）榫结合的基本类型

①按榫头的形状及角度区分：燕尾榫结合、直榫结合、斜榫结合、圆榫结合，如图8-32所示。

②按榫头的数目区分：单榫结合、双榫结合、多榫结合，如图8-33所示。

③按榫头是否贯通榫眼区分：明榫结合（贯通榫结合）、暗榫结合（不贯通榫结合），如图8-34所示。

④按榫槽顶面是否开口区分：开口榫结合、闭口榫结合、半闭口榫结合，如图8-35所示。

⑤按榫肩数量区分：单肩榫结合、双肩榫结合、三肩榫结合、四肩榫结合、斜肩榫结合等，如图8-36所示。

3）榫的基本制作方法

以《挂表》模型中所涉及的暗榫和扣榫为例，讲述榫的具体做法与结合方法：

①在已经制作好的木制构件上按图纸要求画出榫眼、榫头的位置，如图8-37所示。

②根据暗榫的榫眼宽度选择相应宽度的平凿进行加工。

使用夹紧器将工件固定，加工时一只手握持凿柄，将凿子的直面对齐榫眼一端的界线，另一只手持斧或锤击打凿柄的顶部，击打时凿要扶正扶直，锤要打准打实，如图8-38所示。

③在同一个地方向下击打时不要太深，击打几次要前后方向晃动凿子，如果只打不晃则越打越深，凿子会夹在榫

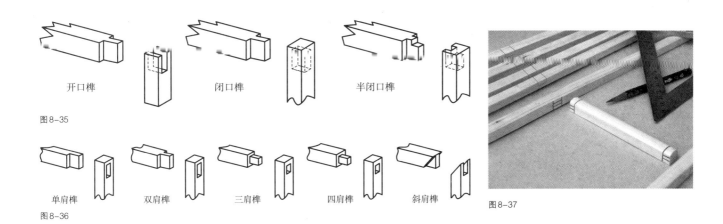

图8-35

图8-36

图8-37

眼中不易拔出。凿子打进一定深度后晃动拔出,向前移动凿子继续击打剔除该位置的木屑,继续前移并击打凿子逐渐剔出一定深度的槽,如图8-39所示。

④凿子接近另一端后转动刃口,用刃口的直面对准另一端的界线并垂直击打。通过逐层剔除逐渐将榫眼打到一定深度,如图8-40所示。

⑤榫眼制作完成后要在与之结合的另一个工件上制作互相配合的榫头。

用细齿的手锯或刀锯按画线位置锯割出榫头形状,如图8-41所示。

注意:榫头要稍大于榫眼,以便榫头进入榫眼后比较充盈使两构件连接牢固。

⑥制作扣榫时使用手锯按画线位置锯割出榫肩形状,如图8-42所示。

⑦使用平凿逐渐开出扣榫的形状,如图8-43所示。

⑧榫头、榫眼制作完成以后用平铲将内、外表面的凿痕、锯痕修整平滑,如图8-44所示。

⑨榫头、榫眼全部制作完成以后按构件连接顺序编号排放,准备进行榫结合,如图8-45所示。

⑩首先,连接扣榫结合的构件,在扣榫结合处涂抹少许白乳胶,工件相互扣合以后垫上木块用锤击打,避免损伤工件表面,如图8-46所示。

⑪继续连接暗榫结合的部位,在榫头、榫眼上分别涂抹少许白乳胶,榫头对准榫眼,垫上木块用锤逐渐用力击打直至榫头完全进入榫眼,如图8-47所示。

(2) 钉结合

用金属圆钉连接木质构件是一种简单、方便的形式,采用"单剪连接"与"双剪连接"的方法将工件相互连接在一起。

单剪连接是两个工件间的相互连接,双剪连接是三个工件的连接,如图8-48所示。

1) 金属圆钉结合

①先在连接部位薄而均匀地抹上白乳胶。用锤子敲击圆钉帽时注意先轻敲试击,击打时锤子一定要准确打在圆钉帽上防止砸坏木表面,元钉正位后再用力打入,如图8-49所示。

注意:应尽量选择在不影响表面效果的地方进行钉连接。

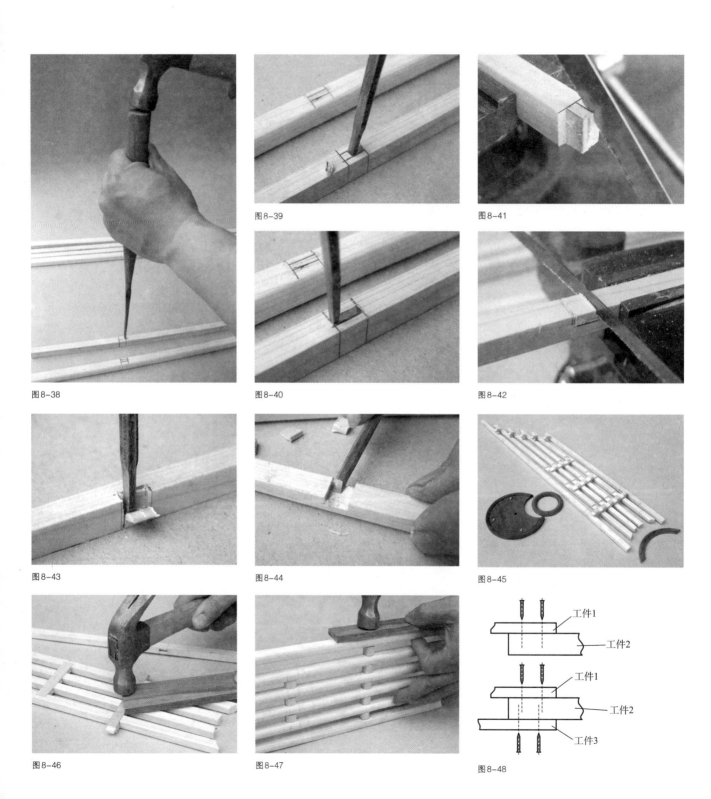

图8-38　图8-39　图8-41
图8-40　图8-42
图8-43　图8-44　图8-45
图8-46　图8-47　图8-48

图 8-49

图 8-50

图 8-51

②在钉入过程中，如果发现钉杆已经弯曲则不能再继续，要用羊角锤或钳子将弯曲的圆钉起出，起钉时要在羊角锤或钳子的下面垫上木片，防止损伤木表面，如图 8-50 所示。

2）螺钉结合

①与圆钉结合有所区别，用螺钉结合木质工件时先在第一个构件上打出稍大于螺钉直径的通孔，后换用直径较大的钻头对通孔边缘进行划窝处理，目的是将螺钉帽藏于构件内，如图 8-51 所示。

②将螺钉穿入通孔，使用旋凿（改锥）将螺钉拧紧于第二个构件上。螺钉连接能够牢固地将工件结合在一起，如图 8-52 所示。

8.4 木模型表面涂饰

木模型的表面效果处理方法很多，以手工方式进行表面处理一般情况下采用油漆涂料涂饰的方法完成。

8.4.1 涂饰工具与涂饰材料

1. 喷枪、羊毛板刷

   喷涂与刷涂工具。

2. 涂料

   各色油漆、罐喷漆、透明油漆等，涂饰模型表面。

3. 硝基稀料、醇酸稀料

   用于稀释涂料。

4. 腻子、刮板

透明腻子、原子灰等。透明涂饰中使用透明腻子填补木材的自然裂痕，不透明涂饰中使用水腻子、油腻子或原子灰等将木材的疤痕、裂缝、接口部位补齐、攒平。

5. 砂纸

打磨模型和涂料层。

6. 染色剂

透明涂饰中使用染色剂既能改变木材的原有颜色，又能透明保持木材的自然纹理。染色剂在化工商店都能买到。使用时用水将染色剂调和成溶液。定量的染色剂与不定量的水相互调和后会产生多种近似颜色。

8.4.2 木模型表面涂饰方法

1. 透明涂饰

透明涂饰是指能够保留木材的自然纹理的涂饰方法。使用清漆进行涂饰既能使木模型表面获得光亮的效果同时也体现木材的天然材质美。

（1）打磨

木构件相互连接成型后可能会出现一些装配误差，需要用木锉、木工刨等工具进行整形处理，整形后用电动打磨机或粗细不同的砂纸将木模型通体打磨光滑，如图8-53所示。

（2）去毛

在表面涂饰之前需要将木材表面的纤维组织去除，用蘸过热水的毛巾用力擦拭木模型表面，进行去毛处理，如图8-54所示。

图8-52

图8-53

图8-54

(3) 染色

如果木模型表面需要进行染色处理，先要进行染色实验。选择若干块制作木模型的余料，分别在木料上将调和好的染色剂溶液均匀地涂刷若干遍，如图8-55所示。

等染色剂干燥后涂刷一层透明油漆，观察各自的颜色效果，从中选择理想的颜色作为木模型的表面颜色。实验完毕后用毛刷蘸取大量染色剂溶液，快速地涂抹于整个木模型表面，不要出现颜色衔接痕迹。

(4) 涂饰透明油漆

染色剂干燥后用透明涂料（清漆）对木模型表面进行若干次喷涂或刷涂，逐渐使木模型表面获得光滑、明亮的效果，如图8-56所示。

(5) 组装配件

涂料干燥以后，安装、调整表针等配件，如图8-57所示。完成整个模型制作过程。

图8-55

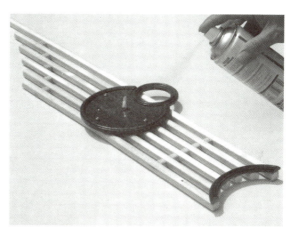

图8-56

2. 不透明涂饰

不透明涂饰是指掩饰木材的自然纹理的涂饰。使用各色油漆涂饰木材，能够覆盖其表面的疤痕、裂纹等自然缺陷。

(1) 攒腻子

在不透明涂饰中攒腻子是一道重要的工序，木模型表面上的裂纹、疤痕以及木构件结合部位出现的缝隙都需要使用腻子进行填补，用刮板将腻子嵌入疤痕、裂纹及结合部位的缝隙中，有时使用的材料表面比较粗糙，也可用腻子在模型表面薄而均匀地通刮一层以填平粗糙的木表面。

图8-57

(2) 打磨

腻子干燥后用砂纸进行打磨，使整个外表面光滑、平整。

(3) 涂饰油漆涂料

选择面漆进行喷涂或刷涂，请参照"4.4.2石膏模型表面涂饰方法"中的刷涂涂饰或喷涂涂饰方法进行木模型表面的不透明涂饰，此处不再叙述。

本章作业

思考题：
1. 木材的成型特性是什么？
2. 叙述木模型的加工方法与操作步骤。

实验题：
使用木材制作一个暗榫结合。

第9章 金属模型制作

9.1 金属的成型特性

金属材料是采用天然金属矿物原料，如铁矿石、铝土矿、黄铜矿等，经冶炼而成。现代工业习惯把金属分为黑色金属和有色金属两大类，铁、铬、锰三种属于黑色金属，我们非常熟悉的钢铁属黑色金属，在人类生产、生活中铁和钢的使用量要占到金属材料中90%以上，在金属材料中适当加入一些微量元素可以使金属材料产生特殊的性能。其余的所有金属都属于有色金属，如铜、铝、金等。

常用的金属材料具有良好的硬度、刚度、强度、韧性、弹性等物理特性，金属材料的机械加工性能良好，经过物理加工或化学方法处理的金属表面能给人以强烈的加工技术美和自身的材质美感。

选用金属材料进行模型制作，虽然能够获得理想的质量，但制作难度相对比较大，成本也比较高，需要专用加工设备经过多道加工工序才能成型。

市场供应状态下的半成品金属材料有各种规格、形状的板材、管材、棒材、线材、金属丝网等，如图9-1所示，可以直接作为模型制作材料。

金属材料常用于功能实验模型、交流展示模型及手板样机模型的制作。

9.2 制作金属模型的主要设备、工具及辅助材料

用于金属加工的机械设备、工具种类繁多，通过机械设备加工出的金属模型外观质量非常理想，可以使用相关设备进行加工。下面主要介绍在手工制作金属模型中经常涉及的一些设备、工具。

1. 画线、度量工具及辅料

（1）金属工艺墨水（图9-2）

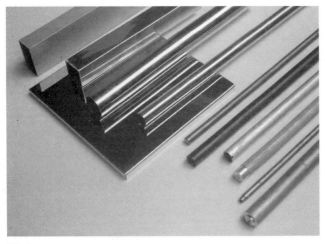

图9-1

图9-2

金属工艺墨水是深蓝色的液体涂料,在金属材料表面上具有很强附着力。画线以前用毛笔蘸取墨水涂抹于画线部位,画线以后能清晰地表现出加工界线。

(2)金属画针、画规(图6-2)

使用金属画针或画规在涂有墨水的金属表面上可以清晰地画出加工界线。

(3)高度规(图6-3)

使用高度规可沿高度方向度量尺寸以及画出加工界线。

(4)画线方箱(图6-4)

使用画线方箱在棒料、管料及板料上画线时能有效防止发生位移或滚动现象。

(5)样冲(图9-3)

样冲用于定位和标记关键加工部位,例如在金属材料上钻孔,先用样冲在打孔的中心位置冲出一个凹陷,既作为定位标记又便于打孔时导向钻头按正确位置加工。

(6)盒尺、游标卡尺、量角仪、方尺、直尺等(图6-2)

使用度量工具界定模型各部分形状、尺寸。

2. 切削设备

(1)车床(图6-7)

利用车床可将金属材料切削加工成回转体的形状。

(2)钻铣床(图6-8)

钻铣床既能够在金属材料上钻削出各种孔径,也可以铣出不同形状的边、槽、孔、台。

3. 弯管机(图9-4)

使用弯管机可将金属管材或棒材弯曲成曲线形状。

图9-3

图9-4

4. 折弯机（图9-5）

使用折弯机可对金属板材进行折弯加工。

5. 切割设备、工具

（1）剪板机（图9-6）

使用剪板机裁切金属板材。

（2）无齿锯（图9-7）

使用无齿锯切割金属棒、管类材料方便省力，切割下料时务必夹紧材料，启动电机以后手持把柄均力下按锯片，切记用力过猛打坏锯片。

（3）錾子、金属锤、手工锯（图9-8）

使用金属锤用力敲击錾子可錾断金属薄板料，镂空金属板材。

手工锯用于锯割金属板、棒、管类等材料。

（4）手工剪板器、铁剪（图9-9）

手工剪板器能够将比较厚的金属板材剪短。使用铁剪可以方便灵活地在金属薄板材上进行曲线裁剪。

6. 锉削、磨削工具

（1）锉削工具（图2-12）

锉削工具可对金属材料进行锉削加工，进行倒角、倒圆、锉平等加工操作。

（2）电动砂轮机

电动砂轮机主要用于磨削各类金属刀具及磨削金属零件边角上的锐边、毛刺，如图9-10所示。

使用时要戴好防护眼镜，磨削时站立位置不能直接面对砂轮机，应该站在砂轮片的外侧，磨削过程中双手一定要捏紧零件，防止零件脱手对操作者造成伤害。

7. 螺纹制造工具

丝锥、板牙、绞杠（图9-11）

金属零件之间相互连接时可以采用螺纹连接的方法，手工方法制作螺纹可以直接选用标准规格的丝锥、板牙进行加工。

使用丝锥可以在圆孔壁上制造螺纹，使用板牙可以在圆柱形的零件上制造螺纹。

8. 焊接工具

（1）电焊机（图9-12）

通过电焊机将金属工件焊接成为一体。

图9-5

图9-6

图9-7

图9-8

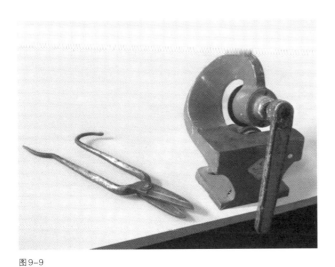
图9-9

图9-10

图9-11

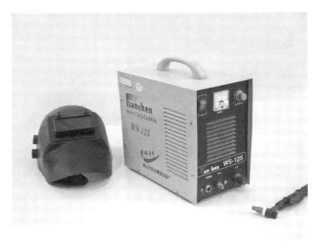
图9-12

（2）电烙铁、锡焊丝、焊油（图9-13）

电烙铁通电以后烙铁头熔融锡焊丝，熔融的锡焊丝将两金属零件粘合。

9. 加热工具

瓦斯枪（图9-14）

金属材料受热至一定温度时硬度、强度会相对降低。使用手工方法对金属管材或棒材进行弯曲加工时使用瓦斯枪对弯曲部位进行加热处理，可降低弯曲部位的抗弯强度，容易进行弯曲操作。

10. 夹持、整形工具

（1）台钳（图6-12）

将零件固定、夹持在台钳上，便于加工操作。

（2）夹紧器（图6-13）

可灵活、方便地固定、夹紧零件。

（3）手夹钳（图9-15）

用于弯曲、调整直径比较细小的金属棒材的曲线变化形状。

（4）金属榔头、木榔头、木拍板（图9-15）

既可调整金属板材、管材、棒材、线材的弯曲变化形状，又不会对金属表面造成破坏。

注意：如需使用大型电力设备进行加工，要请有经验的技师进行指导操作。

9.3 金属模型成型方法

下面以图11-9所示的《金属椅》设计为例，介绍金属材料成型的基础加工方法（该模型的制作比例1∶2）。

9.3.1 使用金属管材、棒材加工成型

1. 画线

在画线部位涂抹墨水，借助画线方箱在管材或棒材上准确画出槽、孔等形状的加工界线。用管材或棒材制作有曲线变化的零件，要按曲线展开长度计算下料尺寸。

2. 下料

用无齿锯或手工锯在加工界线的外侧进行切割，切割时留出一定的精细加工余量。

图9-13

图9-14

图9-15

3. 精细加工

(1) 车、铣加工成型

1) 加工回转体零件时应使用车床按图纸形状进行切削加工，如图9-16所示。

2) 如果还需在棒材或钢材零件上加工出孔、槽等形状，在钻铣床上配用不同直径的钻头、铣刀加工出相关形状，如图9-17所示。

(2) 棒材的弯曲成型

用手工操作方法弯曲直径的棒材很难加工出理想的曲线形状，需要使用弯曲设备准确加工成型。对于直径较小的棒材进行弯曲加工完全可以用手工操作方法完成。

1) 加工前按图纸要求提前制作轮廓模板用来界定加工形状。

使用台钳夹紧棒材，对于曲线变化比较平缓的形状使用金属锤、木榔头或木拍板逐渐敲打成型，如图9-18所示。

加工过程中随时使用模板界定形状变化，经过反复敲打，逐渐调整至与模板曲线形状完全吻合。

2) 如果有急剧弯曲变化的形状，先用瓦斯枪对弯曲部位进行加热处理。金属材料受热达到一定温度其硬度、抗弯强度均降低，便于加工操作。

加热的同时用手夹钳逐渐弯曲、调整形状，如图9-19所示。

(3) 管材的弯曲成型

直径较大的管材使用弯曲设备进行加工，使用手工方法可以对直径较小的管材进行弯曲加工。

由于管材内部为中空，使用手工方法弯曲管材时应该先在管材内部灌入填

图9-16

图9-17

图9-18

充物（管内填砂，堵住两端）再进行弯曲加工，否则会在弯曲部位产生塌陷而发生径向变形。

另外，管材不适于加工急剧弯曲的变化形状，即使在管材内部灌入填充物也容易在弯曲过程中使急剧转折部位产生塌陷。

1）按曲线形状变化提前制作胎模，胎模可以用石膏材料制作，用于制作胎模的石膏体需要比较高的强度，如图9-20所示。

2）管内填实、填满细砂，用木楔堵塞管的两端。使用瓦斯枪将弯曲部位加热烧红，迅速靠在胎模上弯曲成型，如图9-21所示。

如果弯曲后的形状与图纸要求微有差异，可以使用木榔头或木拍板进行调整。

9.3.2 使用金属板材加工成型

1. 画线

（1）用毛笔在板材上均匀涂抹一层墨水，如图9-22所示。

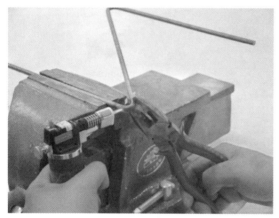

图9-19

图9-20

图9-21

图9-22

(2) 依照加工图纸尺寸借助画线工具及度量工具准确画出零件的展开加工尺寸轮廓,如图9-23所示。

2. 下料

使用剪板机切割的金属板材边口非常平直、齐整。如果没有剪板设备可以用手工裁剪工具剪切下料。

(1) 在薄板材上下料时使用铁剪沿加工界线进行裁切,如图9-24所示。

(2) 比较厚的板材可以使用手工剪板器切割下料,如图9-25所示。

3. 精细加工

(1) 板材件的外轮廓形状加工

使用剪板器或铁剪裁切金属板材边缘会产生翘曲、弯曲等现象,需要用木拍板调平金属板材,如图9-26所示。

使用锉削工具锉平剪切痕迹。

(2) 板材件的内轮廓形状加工

如果对薄金属板材内部轮廓进行镂空加工,使用錾削工具沿内轮廓线的里侧进行錾削加工,如图9-27所示。

錾削时在板材的下面衬垫铁砧,一只手握住錾子,另一只手握持金属榔头用力敲击錾子,逐渐移动錾子进行錾削。

图9-23

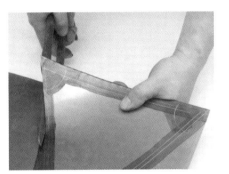

图9-24

图9-25

图9-26

图9-27

錾断的金属板材边缘参差不齐,使用金属锉锉平錾削痕迹并加工至内轮廓线。对于厚金属板材的内轮廓加工,使用钻铣床加工出边缘轮廓。

(3) 板材的折弯加工

1) 使用折弯机械对金属板材进行折弯加工可获得理想的折弯质量。

手工折弯时用两条角钢分别对称放置在弯折部位的两侧,对齐折弯部位,用台钳同时夹紧角钢与金属板材,如图9-28所示。

2) 用木板靠在折弯位置,使用锤子敲击木拍板逐渐使金属板材发生弯折变形,如图9-29所示。

3) 当弯折至实际角度以后将木拍板放平,用榔头敲击木拍板,使折弯的根部更加平直,如图9-30所示。

4) 如果卸下工件后发现板材有翘曲或不平整的地方继续用木拍板敲击,逐渐调平,如图9-31所示。

9.3.3 使用金属丝网加工成型

1. 制作简易压型模具

使用比较软的金属丝网制作零配件,可以通过简易的压型模具压制成型。

压型模具选用比较硬的材料制作,如塑料、木材等,如图9-32所示。

注意:正、负压模的间隙量不能小于丝网厚度。

2. 下料

计算金属丝网零件的展开面积,留出足够的冲压伸缩余量再裁剪下料,如图9-33所示。

图9-28

图9-29

图9-30

图9-31

图9-32

图9-33

图9-34

图9-35

3. 压型

(1) 将裁剪下的金属丝网放在正、负压模之间，逐渐用力挤压正负模具，使金属丝网与之紧密贴合，如图9-34所示。

(2) 拔开模具取出成型的金属丝网，使用铁剪将边缘裁切整齐，如图9-35所示。

完成金属丝网零配件的制作。

9.3.4 金属零件组装成型

金属零件间的连接方式比较多，如焊接、螺纹连接、铆接、粘结等。下面主要介绍如何使用焊接与螺纹连接的方法将金属工件组装成型。

1. 焊接成型

焊接是金属零件相互连接时经常使用的方法。金属焊接的种类很多，主要分为电阻焊、熔焊、钎焊三种基本类型。

(1) 焊接的基本原理

1) 电阻焊的焊接原理：利用低电压、大电流通过两焊接件的接触点或接触面时产生的电阻热瞬时融化接触部位，同时通过外力使两焊接件焊接成为一体。

2) 熔焊的焊接原理：利用电弧产生的高热或燃烧气体产生的高热熔化两焊接件的连接部位，两焊接件的熔化部位相互融合冷却后凝固成一体。

3) 钎焊的焊接原理：使用比焊接件熔点低的金属材料作为填充料（钎料），用热源同时加热焊接件与钎料，熔化的钎料填充于两焊接件的缝隙之间，钎料冷却后使两焊接件连接为一体。

焊接时应该根据金属模型的连接要求选用适合的焊接方法，使用电焊接设备应该在专业人员的指导下操作。

(2) 焊接

在手工焊接金属模型时通常使用电烙铁、锡焊丝将金属零件焊接为一个整体，用锡焊丝焊接金属零件属于钎焊焊接，下面简单介绍锡焊的焊接方法。

1) 焊接前使用砂布打磨金属零件上的锈渍，用清洁剂清洗金属零件上油脂、污渍，擦净、晾干。

2) 由于整个金属模型是由若干零件组成，所以先将相关零件进行组合焊接成为部件。

按零件的相互连接位置将零件摆放整齐，使用夹持工具将零件固定。使用大功率的电烙铁通电加热，用烙铁头蘸取一点焊油，将烙铁头放在零件间的接合部位，用锡焊丝接触烙铁头，锡焊丝受热后迅速熔化，熔化的钎料流入缝隙之间，将零件焊接在一起，如图9-36所示。

3) 将各部件固定夹持，继续进行部件间的焊接，如图9-37所示。

4) 全部焊接组装成型后用金属锉将焊接中出现的焊瘤、焊渣锉平，检查焊口是否焊接牢固，发现有假焊、漏焊的地方继续补焊，如图9-38所示。

2. 螺纹连接

(1) 使用螺纹紧固件连接

螺纹紧固件由螺钉与螺母组成。使用各种规格、样式的标准螺纹紧固件连接、组装金属零件方便、快捷、省时省力，利用螺

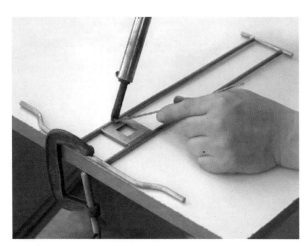

图9-36

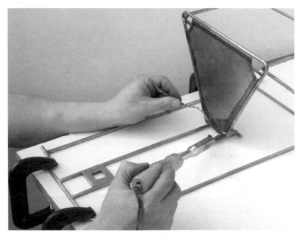

图9-37

图9-38

纹紧固件还可将不同材料的零件相互连接在一起。

其实有些螺纹紧固件本身就是很好的装饰造型,可以作为模型整体造型的一部分加以充分利用。

用标准螺纹紧固件连接金属零件有两种方式:

一种方式为直接使用螺钉、螺母连接零件。方法是在相互连接的零件上打通孔,将紧固螺钉穿过通孔再用螺母旋紧螺钉,起到紧固、连接零件的作用。如图9-39中A图所示的连接示意。

另一种方式是在一个金属零件上制作螺纹,再使用螺钉或螺母将另一个零件相互连接在一起,连接形式如图9-39中B图、C图所示的连接示意。

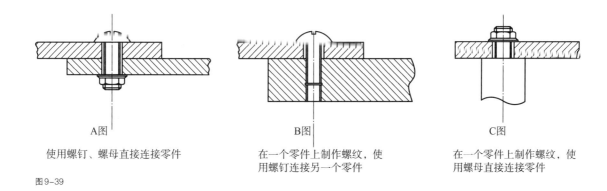

A图	B图	C图
使用螺钉、螺母直接连接零件	在一个零件上制作螺纹，使用螺钉连接另一个零件	在一个零件上制作螺纹，使用螺母直接连接零件

图9-39

（2）在零件上制造螺纹相互连接

有时零件之间的相互连接不需要螺纹紧固件，而是直接在金属零件上制作螺纹再相互进行连接，这种方法在模型制作中被经常使用。

使用丝锥和板牙可以在金属零件上制作标准螺纹，丝锥与板牙具有标准的规格与尺寸。在金属零件上制作螺纹要选用配套的丝锥与板牙。

1）攻丝

用丝锥在圆孔壁上切削出的内螺纹叫攻丝。

①计算打孔直径

严格的打孔尺寸应该参照机械加工手册查找打孔值。

下面给一个经验打孔值换算公式：

打孔直径＝螺纹外径－（螺距×1.2）

螺纹外径是指丝锥的螺纹外径，螺距是指螺纹之间的垂直距离。

②打孔

按计算算出的打孔直径选择钻头进行打孔操作，换用大钻头对孔边进行倒角，如图9-40所示。

③丝锥认扣

用台钳牢固夹紧零件。铰杠夹住丝锥顶端的方形端头，将丝锥插入孔中，单手握住铰杠的中间位置向下施加压力，缓慢按顺时针方向旋压铰杠，如图9-41所示。

④攻丝操作

当感觉丝锥切入有力时双手搬转铰杠柄继续按顺时针方向慢慢旋转铰杠，如图9-42所示。

攻丝操作时必须保持丝锥与孔口垂直，铰杠每旋转3～4圈以后反旋铰杠1～2圈使切屑断落，继续重复操作直至加工成型。攻丝过程中适时在丝锥上滴注机油起到润滑与降温的作用。

2）套丝（套扣）

用板牙在圆柱表面切削出外螺纹叫套丝（套扣）。

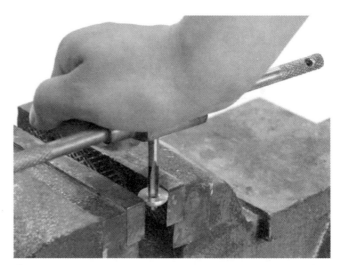

图9-40　　　　　　　　　　　　　　　　　图9-41

先在圆柱零件端头的边缘做倒角处理可以方便板牙套入。

圆柱零件的直径与被选用板牙的螺纹外径相同。

用台钳夹住零件，用铰杠夹紧板牙，将板牙套入圆柱零件的端头，与攻丝的操作动作相同，顺时针方向旋压铰杠，当感觉板牙切入有力时慢慢旋转铰杠进行套丝操作。每旋转铰杠3～4圈，反旋铰杠1～2圈使切屑断落，如图9-43所示。套丝时板牙与圆柱工件不要发生偏斜，防止丝扣套歪。

套丝过程中适时在圆柱工件表面滴注机油起到润滑与降温的作用。

3）连接

将攻丝与套丝（套扣）的零件相互连接成为一体，如图9-44所示。

9.4 金属模型表面涂饰

金属模型的表面效果的处理有很多种方法，如电镀、化学腐蚀、使用机械进行物理表面处理等，以手工方式进行表面处理，一般情况下采用油漆涂料涂饰的方法完成。下面简述使用油漆涂料进行涂饰的方法。

1. 涂饰工具

气泵、喷枪、羊毛板刷：涂饰工具。

2. 表面涂饰材料

（1）涂料：各色油漆、罐喷漆等，涂饰模型表面。

（2）硝基稀料、醇酸稀料：用于稀释涂料。

（3）防锈底漆：涂饰面漆之前首先要在金属模型表面刷涂一层防锈底漆，防止金属受潮。

图9-42

图9-43

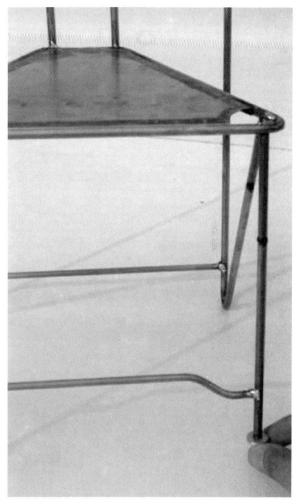

图9-44

(4)砂布、细砂纸：打磨模型和涂料层。

(5)原子灰：填补焊口及凹痕。

(6)清洁剂：可用洗衣粉、肥皂代替，用于清除金属表面的油脂与灰尘。

3. 涂饰方法

(1)预处理

在金属表面进行涂饰前需要做预处理，常规情况下通过机械打磨与化学侵蚀的方法去除金属表面的锈渍、油污。不具备上述条件的可以用砂纸打磨除锈，再用清洁剂清洗金属模型表面。

(2) 攒灰

使用原子灰填补加工过程中产生的缺陷。

(3) 打磨

使用砂布将攒灰部位打磨平整，清除灰尘。

(4) 底涂

在金属模型表面喷涂或刷涂防锈漆，防锈漆要薄而均匀，防锈漆干燥以后用水砂纸将刷痕打磨平整。

(5) 面漆涂饰与装饰

使用喷涂或刷涂的方法对金属表面进行涂饰，经过若干次涂饰逐渐使表面达到预期效果。如果金属模型上需要进行文字、图形等方面的处理，按设计表现要求在金属模型表面进行装饰。

本章作业

思考题：
1. 金属材料的成型特性是什么？
2. 叙述金属模型的加工方法与操作步骤。

实验题：
1. 使用直径为6mm金属棒材加工出一个多向曲线转折的形状。
2. 选用一块厚度为0.5mm的金属板材，加工成200mm×200mm的正方形，将其中一个边折弯成90°。

第10章 快速原型技术制作产品模型

快速原型技术（Rapid Prototyping Technology，简称RP）是20世纪80年代末出现的涉及多学科、新型综合性的先进制造技术，是在CAD/CAM（计算机辅助设计/计算机辅助制造）技术、激光技术、多媒体技术、计算机数控加工技术、精密伺服驱动技术以及新材料技术的基础上集成发展起来的高新技术，也是当今世界上发展最快的制造技术，其应用领域非常之广泛。

就工业产品设计而言，快速原型制造技术在新产品设计、开发过程中的应用能够体现出许多突出特征，快速原型制造技术辅助设计表达的能力比较强，利用快速原型制造技术制作模型与手工模型制作相比较，可以自动、快速地将设计构思物化为具有一定结构和功能的实体模型，为综合验证、评价、展示设计内容，快速获取产品设计的反馈信息，及时调整、修改设计内容，在真实产品正式投放市场前进行广泛调研、征询用户意见，提供了实物分析依据。通过快速原型技术的应用，既降低了产品研发成本，缩短了产品从研发到批量投产的周期，确保新产品的上市时间和新产品开发一次成功，也提高了企业在市场上的竞争力和快速响应能力。

利用快速原型制作技术虽然提高了模型制作的效率，简化了手工模型制作中的环节，同时也淡化了手工模型制作过程中的一些直接设计感受与体验，即时调整设计的能力相对减弱。一般情况下在设计方案已经基本定型以后使用快速原型技术制作原型是较为理想的选择。

10.1 快速原型成型原理及成型方法

现代快速原型制造技术从制造思路上均为材料添加法，即通过对成型材料进行逐层叠加的原理完成成型过程，成型方式主要分为立体印刷成型、层合实体成型、选域激光烧结、熔融沉积造型等。

成型原理及成型方法简介：

1. 立体印刷成型

立体印刷成型（Stereo Lithography Apparatus，简称SLA）又称为立体光刻成型、光敏液相固化成型。

成型的基本原理是采用液态光敏树脂作为模型成型原料，以计算机控制下的紫外线激光按原型各分层截面的轮廓轨迹逐点扫描，使被扫描区的树脂薄层产生光聚合反应而固化成为一个固体薄层截面，第一层固化的光敏树脂与工作台相互粘合。每当光斑完成一层扫描以后，工作台自动向下移动一个分层厚度，光斑继续对液态树脂进行新一层的扫描、固化。新固化的一层牢牢地粘合在前一层上，如此重复直至整个原型制造完毕。

2. 层合实体成型

层合实体制造（Laminated Object Manufactur-ing，简称LOM），又称分层实体造型、分层物件制造等。

其基本原理是将单面涂有热熔胶的薄膜材料或其他材料的箔带按分层截面出现的内外轮廓进行切割，再通过加热辊加热，使刚刚切好的一层与下面的已切割层粘结在一起，通过逐层切割、粘合，最后将不需要的材料剥离，得到欲求的原型。

3. 选域激光烧结

选域激光烧结（Selected Laser Sintering, SLS）。

其基本原理是按照计算机输出的原型分层轮廓，借助精确引导的激光束在分层面上有选择性地扫描并熔融工作台上的材料粉末铺层，当一层扫描完毕，工作台移动一个分层高度，继续新一层的扫描烧结。全部烧结后去掉多余的粉末，再进行打磨、烘干等处理，便获得原型零件。

4. 熔融沉积造型

熔融沉积造型（Fused Deposition Modeling，简称FDM），又称熔化堆积法、熔融挤出成模。

其基本原理为采用热熔喷头，使半流动状态的材料按CAD分层数据控制的路径挤压并沉积在指定的位置凝固成型，逐层沉积、凝固后形成整个原型。

5. 数控加工

前述各种快速原型制造技术均为材料添加法，传统的制造方法为材料去除法，其中的典型代表为数控加工技术。当加工大批量、形状相对规则的零件时，数控加工技术在很多情形下仍是首选的快速原型制造技术。

10.2 成型实例

下面简要介绍使用立体印刷成型（光敏液相固化成型）设备制作产品模型，如图11-10所示的《泡茶器》设计为例，制作泡茶器的外壳（手板样机模型）。

1. 建立数字模型

（1）使用Pro/E、UG、SOLIDWORKS等应用软件建立虚拟的产品实体模型，如图10-1所示。

（2）使用专用软件将建立的数字模型进行文件格式转换，软件自动将数字模型分割为若干层截面，图10-2所示。

图10-1

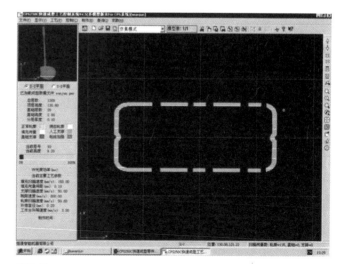

图10-2

图10-3

图10-4

图10-5

图10-6

图10-7

2. 光（紫外光或激光）照射固化成型

（1）开启快速成型设备，如图10-3所示。

（2）调整工作台面的高度使之与光敏树脂液面高度一致。启动光扫描系统，光斑从第一层截面形状逐层扫描，当第一层截面接受光照以后立即固化并与工作台面相互粘合，第一层光照扫描以后工作台自动下降一个分层高度，光斑继续按分层数目自动逐层进行扫描，第二层固化粘合在第一层表面，如此对每一层重复扫描、固化逐渐叠加成型，如图10-4所示。

（3）升起工作台，固化成型的模型露出树脂液面，如图10-5所示。

（4）使用铲刀从工作台面上分开模型，如图10-6所示。

去掉支撑体，用丙酮溶液清洗模型，放入固化箱继续固化提高模型强度。

3. 表面涂饰

从固化箱中取出模型，使用砂纸对表面精细打磨，清除灰尘，使用涂料对模型表面进行涂饰，如图10-7所示。所涂饰方法参看"7.4 玻璃钢模型表面涂饰"，完成全部制作过程。

本章作业

思考题：

快速原型制造技术在新产品设计、开发过程中的应用价值如何？

第11章 模型制作赏析

图 11-1

图 11-1 电池盒
模型种类：手板样机模型
制作材料：ABS 塑料

图 11-2 播放器
模型种类：形态研究模型（标准原型）
制作材料：黏土

图 11-3 小型水下游艇
模型种类：交流展示模型
制作材料：油泥

图 11-2

图 11-3

图 11-4

图 11-5

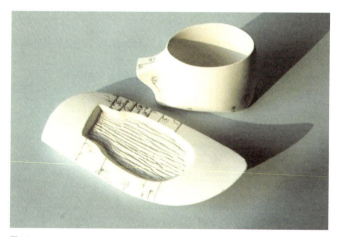

图 11-6

图 11-4　投影仪

模型种类：形态研究模型（标准原型）

制作材料：石膏

图 11-5　音箱

模型种类：手板样机模型

制作材料：树脂

图 11-6　水具

模型种类：手板样机模型

制作材料：陶土

图 11-8

图 11-7

图 11-9

图 11-7　电饭煲
模型种类：交流展示模型
制作材料：ABS 塑料

图 11-8　挂表
模型种类：手板样机模型
制作材料：木材

图 11-9　金属椅
模型种类：交流展示模型
制作材料：金属

第11章 模型制作赏析 143

图 11-10 泡茶器
模型种类：手板样机模型
制作材料：光敏树脂

图 11-11 小型卡车
模型种类：交流展示模型
制作材料：油泥

图 11-12 概念车
模型种类：交流展示模型
制作材料：ABS 塑料

图 11-11

图 11-10

图 11-12

图 11-13

图 11-14

图 11-15

图 11-13　概念车
模型种类：交流展示模型
制作材料：有机玻璃（聚甲基丙烯酸钾脂）

图 11-14　概念车
模型种类：交流展示模型
制作材料：树脂

图 11-15　水路两用战车
模型种类：交流展示模型
制作材料：金属薄板

第11章 模型制作赏析 145

图 11-16 游艇
模型种类：交流展示模型
制作材料：ABS塑料

图 11-17 雪地车
模型种类：交流展示模型
制作材料：ABS塑料

图 11-18 自行车鞍座
模型种类：手板样机模型
制作材料：金属

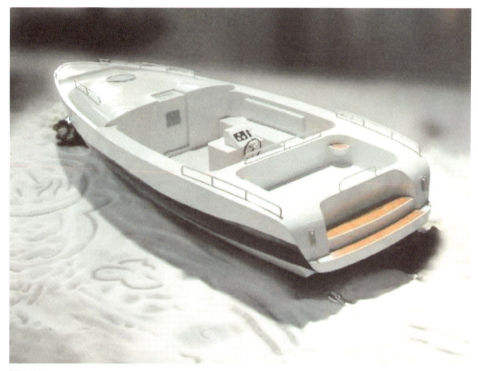

图 11-16

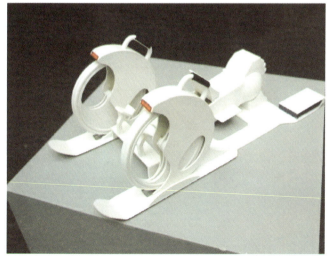

图 11-17

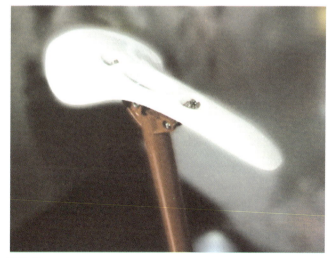

图 11-18

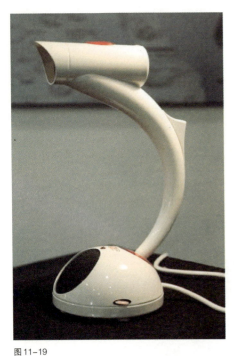

图 11-19

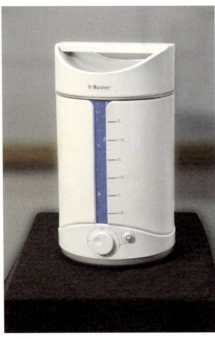

图 11-20

图 11-21

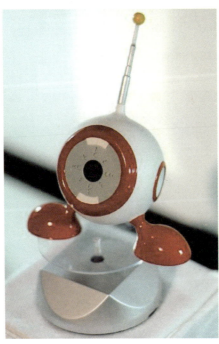

图 11-22

图 11-19　视频头
模型种类：交流展示模型
制作材料：有机玻璃、树脂

图 11-20　便携式消毒机
模型种类：交流展示模型
制作材料：ABS 塑料

图 11-21　便携式加湿器
模型种类：交流展示模型
制作材料：有机玻璃、树脂

图 11-22　半导体收音机
模型种类：手板样机模型
制作材料：ABS 塑料

图 11-23 台式播放器
模型种类：交流展示模型
制作材料：有机玻璃

图 11-24 老年人指读器
模型种类：交流展示模型
制作材料：树脂

图 11-23

图 11-24

图 11-25

图 11-26

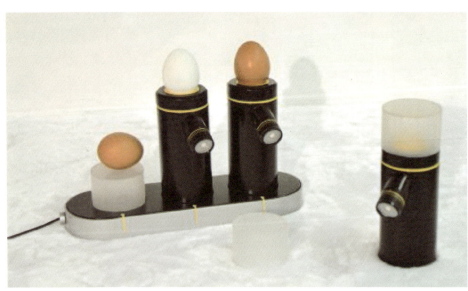

图 11-27

图 11-25　视频头
模型种类：交流展示模型
制作材料：树脂

图 11-26　电子血压仪
模型种类：手板样机模型
制作材料：ABS塑料

图 11-27　煮蛋器
模型种类：交流展示模型
制作材料：有机玻璃

图 11-28

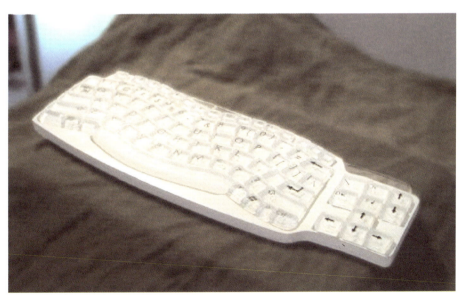

图 11-29

图 11-28　台式音箱
模型种类：交流展示模型
制作材料：ABS 塑料

图 11-29　人机工学键盘
模型种类：功能实验模型
制作材料：有机玻璃

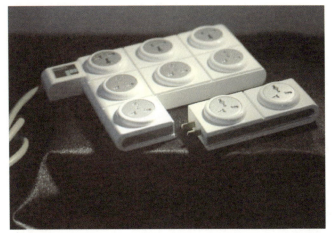

图 11-30

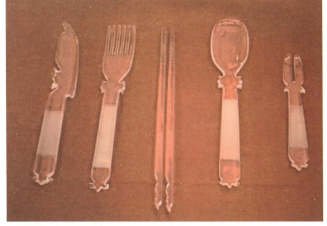

图 11-31

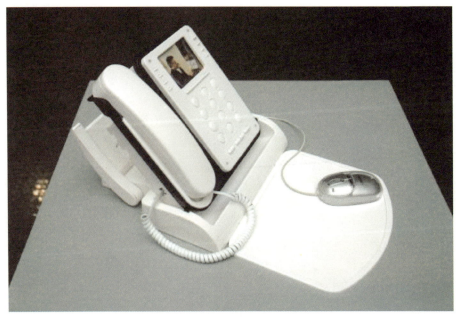

图 11-32

图 11-30　插排
模型种类：交流展示模型
制作材料：ABS 塑料

图 11-31　餐具
模型种类：手板样机模型
制作材料：有机玻璃

图 11-32　可视电话
模型种类：手板样机模型
制作材料：ABS 塑料

图 11-33

图 11-34

图 11-33 投影仪
模型种类：交流展示模型
制作材料：ABS 塑料

图 11-34 电吉他
模型种类：手板样机模型
制作材料：木材、金属

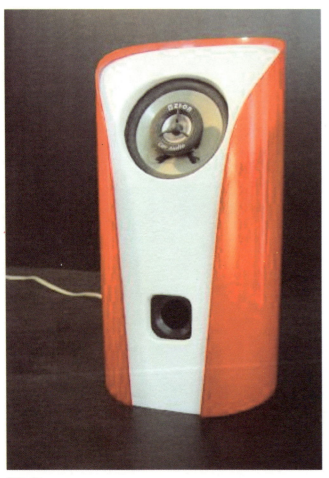

图 11-35

图 11-36

图 11-35 台式音箱
模型种类：手板样机模型
制作材料：ABS 塑料

图 11-36 饮水机
模型种类：交流展示模型
制作材料：ABS 塑料

图 11-37　电水壶
模型种类：手板样机模型
制作材料：ABS 塑料

图 11-38　水具
模型种类：手板样机模型
制作材料：陶土塑料

图 11-39　水龙头
模型种类：交流展示模型
制作材料：树脂

图 11-37

图 11-38

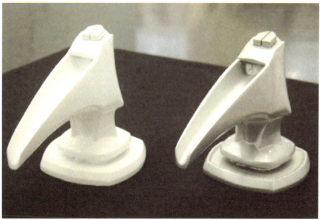

图 11-39

图 11-40

图 11-41

图 11-40 落地灯

模型种类：手板样机模型

制作材料：木材、塑料

图 11-41 台灯

模型种类：手板样机模型

制作材料：有机玻璃

第11章 模型制作赏析

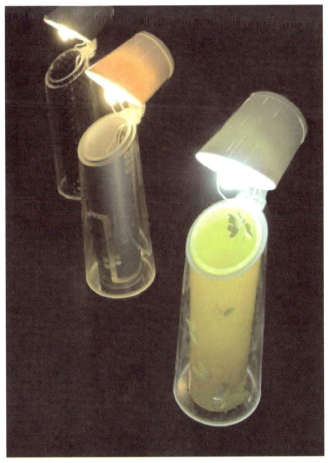

图 11-42

图 11-43

图 11-44

图 11-45

图 11-42　台灯
模型种类：手板样机模型
制作材料：有机玻璃

图 11-43　落地灯
模型种类：手板样机模型
制作材料：金属

图 11-44　台灯
模型种类：手板样机模型
制作材料：木材、塑料

图 11-45　台灯
模型种类：手板样机模型
制作材料：有机玻璃

图 11-46：金属椅
模型种类：手板样机模型
制作材料：金属

图 11-47 休闲椅（比例 1:2）
模型种类：交流展示模型
制作材料：有机玻璃

图 11-48 新官帽椅
模型种类：手板样机模型
制作材料：木材

图 11-49 新圈椅
模型种类：手板样机模型
制作材料：木材

图 11-46

图 11-48

图 11-47

图 11-49

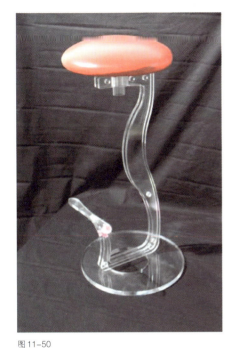

图 11-50

图 11-51

图 11-52

图 11-50　酒吧椅
模型种类：交流展示模型
制作材料：有机玻璃

图 11-51　休闲椅
模型种类：手板样机模型
制作材料：树脂

图 11-52　金属椅
模型种类：手板样机模型
制作材料：金属

图 11-53　盆椅
模型种类：手板样机模型
制作材料：金属

图 11-54　座椅
模型种类：手板样机模型
制作材料：木材

图 11-53

图 11-54

后记 Postscript

　　本书能够第二次出版印刷说明书中的内容得到读者的广泛认可，对于编者是一个极大的鼓励。

　　本次再版，书中又添加了许多新的内容，相信读者阅后确有帮助。书中内容虽然力求叙述详尽，恐受水平限制仍留有缺憾，若所写内容能够给读者以启示或参考，是编者最大的欣慰，也诚心欢迎读者对此书提出宝贵意见。

　　本书再版编写过程中得到多方支持与协助，感谢中国建筑工业出版社对我们工作的大力支持，特别衷心感谢出版社的编辑李晓陶女士，正是由于李女士的敬业精神和辛勤努力才使此书得以再版。另外，书中的部分模型图片由本系学生提供，部分模型的制作过程由学生操作演示完成，特别在此深表感谢。

编者
2011.7.20